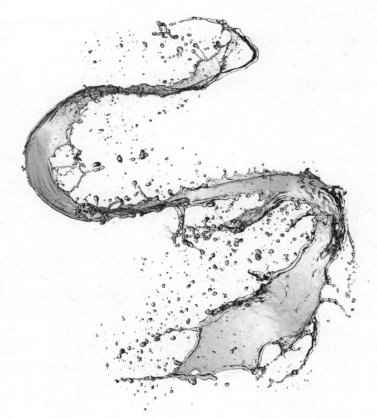

深度学习
与计算机视觉实战

Hands-on Deep Learning and Computer Vision

彭小红 张良均 ◉ 主编

林涛 张裕 杨惠 ◉ 副主编

人民邮电出版社

北 京

图书在版编目（CIP）数据

深度学习与计算机视觉实战 / 彭小红，张良均主编
. -- 北京：人民邮电出版社，2023.1
大数据技术精品系列教材
ISBN 978-7-115-60254-1

Ⅰ．①深… Ⅱ．①彭… ②张… Ⅲ．①机器学习－教
材②计算机视觉－教材 Ⅳ．①TP181②TP302.7

中国版本图书馆CIP数据核字(2022)第188468号

内 容 提 要

本书以深度学习在计算机视觉领域的常用技术与案例相结合的方式，深入浅出地介绍计算机视觉的常见任务及实现技术。全书共 7 章，内容包含概述、图像处理基本操作、深度学习视觉基础任务、基于 FaceNet 的人脸识别实战、基于 Faster R-CNN 的目标检测实战、基于 U-Net 的城市道路场景分割实战、基于 SRGAN 的图像超分辨率技术实战等。本书大部分章包含操作实践代码和课后习题，希望能够帮助读者在计算机视觉基础任务中应用算法，巩固所学内容。

本书可以作为高校人工智能相关专业教材，也可以作为从事计算机视觉技术研究的从业者和科技人员的参考用书。对于有一定基础和经验的读者，本书也能帮助他们查漏补缺，深入理解和掌握相关原理及方法，提升解决实际问题的能力。

◆ 主　　编　彭小红　张良均
　　副主编　林　涛　张　裕　杨　惠
　　责任编辑　初美呈
　　责任印制　王　郁　焦志炜
◆ 人民邮电出版社出版发行　　北京市丰台区成寿寺路 11 号
　　邮编　100164　电子邮件　315@ptpress.com.cn
　　网址　https://www.ptpress.com.cn
　　北京隆昌伟业印刷有限公司印刷
◆ 开本：787×1092　1/16
　　印张：14　　　　　　　　　　2023 年 1 月第 1 版
　　字数：287 千字　　　　　　　2024 年 11 月北京第 4 次印刷

定价：49.80 元

读者服务热线：(010)81055256　印装质量热线：(010)81055316
反盗版热线：(010)81055315
广告经营许可证：京东市监广登字 20170147 号

大数据技术精品系列教材
专家委员会

序 FOREWORD

随着大数据时代的到来，移动互联网和智能手机迅速普及，多种形态的移动互联网应用蓬勃发展，电子商务、云计算、互联网金融、物联网、虚拟现实、智能机器人等不断渗透并重塑传统产业，而与此同时，大数据当之无愧地成为新的产业革命核心。

2019 年 8 月，联合国教科文组织以联合国 6 种官方语言正式发布《北京共识——人工智能与教育》。其中提出，通过人工智能与教育的系统融合，全面创新教育、教学和学习方式，并利用人工智能加快建设开放灵活的教育体系，确保全民享有公平、适合每个人且优质的终身学习机会。这表明基于大数据的人工智能和教育均进入了新的阶段。

高等教育是教育系统中的重要组成部分，高等院校作为人才培养的重要载体，肩负着为社会培育人才的重要使命。2018 年 6 月 21 日的新时代全国高等学校本科教育工作会议首次提出了"金课"的概念。"金专""金课""金师"迅速成为新时代高等教育的热词。如何建设具有中国特色的大数据相关专业，以及如何打造世界水平的"金专""金课""金师""金教材"是当代教育教学改革的难点和热点。

实践教学是在一定的理论指导下，通过实践引导，使学习者获得实践知识、掌握实践技能、锻炼实践能力、提高综合素质的教学活动。实践教学在高校人才培养中有着重要的地位，是巩固和加深理论知识的有效途径。目前，高校大数据相关专业的教学体系设置过多地偏向理论教学，课程设置冗余或存有缺漏，知识体系不健全，且与企业实际应用契合度不高，学生很难将理论转化为实践应用技能。为了有效解决该问题，"泰迪杯"数据挖掘挑战赛组委会与人民邮电出版社共同策划了"大数据技术精品系列教材"，这恰与 2019 年 10 月 24 日教育部发布的《教育部关于一流本科课程建设的实施意见》（教高〔2019〕8 号）中提出的"坚持分类建设""坚持扶强扶特""提升高阶性""突出创新性""增加挑战度"原则完全契合。

"泰迪杯"数据挖掘挑战赛自 2013 年创办以来，一直致力于推广高校数据挖掘实践教学，培养学生数据挖掘的应用和创新能力。挑战赛的赛题均为经过适当简化和加工的实际问题，来源于各企业、管理机构和科研院所等，非常贴近现实热点需求。赛题中的数据只做必要的脱敏处理，力求保持原始状态。竞赛围绕数据挖掘的整个流程，从数据采集、数据迁移、数据存储、数据分析与挖掘，到数据可视化，涵盖了企业应用中的各个环节，与目前大数据专业人才培养目标高度一致。"泰迪杯"数据挖掘挑战赛不依赖于数学建模，甚至不依赖传统模型的竞赛形式，使得"泰迪杯"数据挖掘挑战赛在全国各大高校反响热烈，且得到了全国各界专家学者的认可与支持。2018 年，"泰迪杯"增加了子赛项——数据分析技能赛，为应用型本科、高职和中职技能型人才培养提供理论、技术和资源方面的支持。截至 2021 年，全国共有超 1000 所高校，约 2 万名研究生、9 万名本科生、2 万名高职生参加了"泰迪杯"数据挖掘挑战赛和数据分析技能赛。

　　本系列教材的第一大特点是注重学生的实践能力培养，针对高校实践教学中的痛点，首次提出"鱼骨教学法"的概念。以企业真实需求为导向，学生学习技能时紧紧围绕企业实际应用需求，将学生需掌握的理论知识，通过企业案例的形式进行衔接，达到知行合一、以用促学的目的。第二大特点是以大数据技术应用为核心，紧紧围绕大数据应用闭环的流程进行教学。本系列教材涵盖了企业大数据应用中的各个环节，符合企业大数据应用真实场景，使学生从宏观上理解大数据技术在企业中的具体应用场景及应用方法。

　　在教育部全面实施"六卓越一拔尖"计划 2.0 的背景下，对如何促进我国高等教育人才培养体制机制的综合改革，以及如何重新定位和全面提升我国高等教育质量，本系列教材将起到抛砖引玉的作用，从而加快推进以新工科、新医科、新农科、新文科为代表的一流本科课程的"双万计划"建设；落实"让学生忙起来，管理严起来和教学活起来"措施，让大数据相关专业的人才培养质量有一个质的提升；借助数据科学的引导，在文、理、农、工、医等方面全方位发力，培养各个行业的卓越人才及未来的领军人才。同时本系列教材将根据读者的反馈意见和建议及时改进、完善，努力成为大数据时代的新型"编写、使用、反馈"螺旋式上升的系列教材建设样板。

　　　　　　汕头大学校长
　　　　　　教育部高校大学数学课程教学指导委员会副主任委员
　　　　　　"泰迪杯"数据挖掘挑战赛组织委员会主任
　　　　　　"泰迪杯"数据分析技能赛组织委员会主任
　　　　　　　　　　　　　　　　　　　2021 年 7 月于粤港澳大湾区

前 言 PREFACE

自 AlexNet 横空出世后，深度学习在计算机视觉的应用效果一骑绝尘，频频刷新传统图像处理方法在计算机视觉领域创造的纪录。计算机视觉作为人工智能的一个重要分支，已经被成功应用到人脸识别、目标检测、城市道路场景分割、图像超分辨率等领域，被大多数人熟知和应用。本书从传统图像处理技术入手，逐步阐明深度学习在计算机视觉中的应用，包含原理与代码实现，为读者提供计算机视觉常见任务实现的工具和方法，让初学者快速掌握计算机视觉领域的基本技能。

本书特色

* 理论与实战结合。本书全面贯彻党的二十大精神，以社会主义核心价值观为引领，加强基础研究、发扬斗争精神，为建成教育强国、科技强国、人才强国、文化强国添砖加瓦。本书以深度学习在计算机视觉的应用为主线，注重任务案例的讲解，以深度学习常用技术与案例相结合的方式，介绍使用深度学习 TensorFlow 框架实现深度学习视觉任务的主要方法。

* 以应用为导向。本书从传统图像处理技术到深度学习视觉基础任务介绍，再到具体的深度学习视觉任务实现，让读者明白如何利用所学知识来解决问题，从而真正理解并应用所学知识。

* 注重启发式教学。本书大部分章节紧扣深度学习视觉任务需求来展开，不堆积知识点，着重于思路的启发与解决方案的实施。通过对深度学习视觉任务的介绍到完成工作流程的体验，读者能真正理解并掌握深度学习视觉的相关技术。

本书适用对象

* 开设计算机视觉课程的高校学生。
* 计算机视觉应用的开发人员。
* 研究计算机视觉应用的科研人员。

代码下载及问题反馈

为了帮助读者更好地使用本书，本书配有原始数据文件、Python 代码，以及 PPT 课件、教学大纲、教学进度表和教案等教学资源，读者可以从泰迪云教材网站免费下载，也可登录人邮教育社区（www.ryjiaoyu.com）下载。同时欢迎教师加入 QQ 交流群"人邮大数据教师服务群"（669819871）进行交流探讨。

　　由于编者水平有限，书中难免出现一些疏漏和不足之处。如果读者有更多的宝贵意见，欢迎在"泰迪学社"微信公众号（TipDataMining）回复"图书反馈"进行反馈。更多本系列图书的信息可以在泰迪云教材网站查阅。

编　者

2023 年 5 月

泰迪云教材

目录 CONTENTS

第 1 章 概述

人工智能（Artificial Intelligence，AI）是构建智能机器的科学和工程，其目的是使机器模拟、延伸、扩展人类智能。通过眼睛观察是人类感知周围环境的主要方式，也是人类智能的主要体现方式之一。深度学习（Deep Learning，DL）是机器学习领域中一个新的研究方向，而机器学习是实现人工智能的方法之一。深度学习的最终目标是让机器能够像人类一样具有分析、学习能力，能够识别文字、图像和声音等数据。计算机视觉（Computer Vision，CV）研究的目标是赋予机器自然视觉的能力，是一门研究如何使机器像人类一样能够"看"的科学。本章将介绍计算机视觉与深度学习的必要背景知识和相关的 Python 库。

学习目标

（1）了解计算机视觉的发展历程。
（2）了解深度学习的发展历程。
（3）了解计算机视觉常见的应用领域。
（4）了解常见的深度学习框架和常用的图像处理库。

1.1 计算机视觉与深度学习

现今，计算机视觉和人工智能与人类的生活息息相关，比如人脸识别与检测、汽车违章监控、车牌识别、手机拍照美颜、无人驾驶、围棋人机大战等。任何高科技产品和应用的诞生与实现都离不开科研工作者的付出和探索。在当前这波人工智能发展的浪潮中，除了计算机硬件技术的发展外，深度学习技术同样功不可没。

深度学习为人工智能的发展提供了重要的理论依据并起到了极大的推动作用。不断发展和完善的深度神经网络，频频在计算机视觉领域的研究中取得出色的成果。例如，在 ImageNet 大规模视觉识别挑战赛（ILSVRC）中，众多以深度神经网络作为框架的算法区分图像的准确率远高于人类肉眼。深度学习的发展突破了许多难以解决的视觉问题，提高了图像认知的水平，加速了计算机视觉领域和人工智能相关技术的进步，更重要的是改变了传统的处理视觉问题的思想。

1.1.1　计算机视觉

计算机视觉研究的目标是使机器能够像人类一样通过"眼睛""观察"世界。自主适应环境的能力使机器能够通过二维图像认知三维环境信息，感知三维环境中物体的形状、位置、姿态、运动等几何信息，并进行描述、存储、识别和理解。

计算机视觉的研究始于 20 世纪 50 年代中期，在研究的起始阶段，计算机视觉的目标为二维图像的分析，包括文档、平坦的制造物、景深较小的显微图像、对比度较低的远程照片等。由于表面几何关系和物体取向已知，因此恢复和识别都比较容易实现，对这类图像的处理和分类被称为图像处理和模式识别。尽管图像处理、模式识别与计算机视觉的研究有许多共同之处，但是研究的内容还是有着明显的区别。图像处理的目的是通过处理原始图像得到在某一方向特征更明显的新图像，主要包括：图像增强——改善图像的质量以利于观察；图像恢复——校正质量退化的图像；图像压缩——在可接受的范围内紧致地表示图像。模式识别的目的则是将一些模式归入预先定义的有限类别中，主要研究的是二维模式。

20 世纪 60 年代，美国麻省理工学院的罗伯茨（Roberts）通过计算机程序从数字图像中提取出诸如立方体、楔形体、棱柱体等多面体的三维结构，并描述了物体形状及物体的空间关系。罗伯茨的研究工作开创了以理解三维场景为目的的三维计算机视觉的研究，同时罗伯茨对积木世界的创造性研究给人们以极大的启发。许多人相信，一旦由白色积木组成的三维世界可以被机器理解，则可以推广到机器对更复杂的三维场景的理解。直到 20 世纪 70 年代后期，当计算机的性能提高到足以处理大规模数据时，计算机视觉才得到了正式的关注和发展。

1982 年，麻省理工学院的学者马尔（Marr）通过 *VISION*（《视觉》）一书将计算机视觉的研究内容定义为物体视觉和空间视觉两大部分，*VISION* 扉页如图 1-1 所示。物体视觉对物体进行精细分类和鉴别，而空间视觉确定物体的位置和形状，为"动作"服务。计算机视觉的研究也被分为 3 个层次：计算理论、表达和算法、算法实现。至此，计算机视觉成为一门独立学科。

20 世纪 80 年代至 21 世纪 10 年代，计算机视觉技术的进步主要集中在数学理论模型的突破，对图像场景进行定量分析的方式也逐渐多元化。很多当代非常流行的计算机

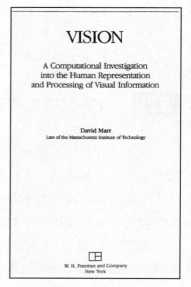

图 1-1　*VISION* 扉页

视觉算法的数学模型都可以追溯到该时期的研究。例如，尺度不变特征变换（Scale-Invariant Feature Transform，SIFT）由戴维·洛（David Lowe）在 1999 年提出，并在 2004 年加以完善。SIFT 特征由物体的局部外观的兴趣点得到，与影像的大小和旋转无关，对光线、噪声、微视角改变的容忍度也相当高。基于 SIFT 的特性，在数量庞大的特征数据库中，模型可以轻松辨识物体而且鲜有误认。使用 SIFT 特征描述对于部分遮蔽的物体的侦测率也相当高，只需要 3 个以上的 SIFT 特征就足以计算出物体的方位，在现今的计算机硬件配置和小型特征数据库条件下，辨识速度可接近即时运算。SIFT 特征的信息量大，适合在海量数据库中快速、准确匹配。随着时间的推移，基于统计模型的机器学习技术也开始出现，并首次应用于面部识别技术和基于线性动态系统的曲线跟踪应用中。于是，统计理论被广泛应用于计算机视觉的各种前沿领域中。

直至 21 世纪 10 年代，随着深度学习技术中卷积神经网络的发展，计算机视觉技术迎来了新一轮革命。与传统的方法相比，卷积神经网络在图像分类、目标检测、姿态估计、图像分割、图像生成等计算机视觉任务中表现出的精确率、鲁棒性等都取得了极大的提升。

1.1.2　深度学习

机器学习模型大致分为浅层结构模型和深层结构模型，对应浅层学习和深度学习。浅层学习模型需要人为提取特征，模型本身只根据特征进行分类或预测，人为提取的特征在很大程度上决定整个模型的效果。随着浅层结构模型的不断完善，在浅层学习模型的基础上，提出了一系列算法模型，如支持向量机（Support Vector Machine，SVM）、提升（Boosting）算法、逻辑回归（Logistic Regression，LR）等。但是大量实验和实践验证表明，浅层结构模型在处理图像、视频、语音、自然语言等高维数据时表现较差，特征提取难以满足需求。而深度学习技术在提取物体深层次的结构特征方面具有极大优势，能够学到数据更深层次的抽象表示，从而自动从数据中提取特征。深度学习的发展历程如图 1-2 所示。

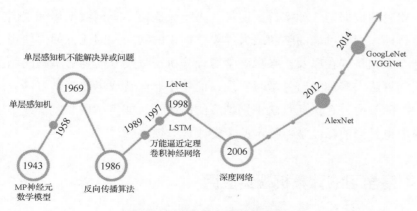

图 1-2　深度学习的发展历程

　　1943 年，麦卡洛克（McCulloch）和皮茨（Pitts）提出了 MP 神经元数学模型。1958 年，罗森布拉特（Rosenblatt）提出了第一代神经网络：单层感知器。第一代神经网络能够区分三角形、正方形等基本形状，让人类觉得有可能发明出真正能感知、学习、记忆的智能机器。1969 年，明斯基（Minsky）发表的感知器专著 *Perceptron*（《感知器》）用数学详细地证明了感知器的弱点，尤其是感知器难以解决 XOR（异或）类型的分类任务。1986 年，欣顿（Hinton）提出了第二代神经网络，将单一固定的特征层替换成多个隐藏层，并采用 Sigmoid 激活函数，同时利用误差的反向传播算法训练模型，有效地解决了非线性分类问题。1989 年，西本科（Cybenko）和奥尔尼克（Hornik）等人证明了万能逼近定理：任何函数都可以被三层神经网络以任意精度逼近。同样在 1989 年，杨立昆（Yann LeCun）发明了卷积神经网络来识别手写体，此网络的训练时间长达 3 天。1997 年，霍克赖特（Hochreiter）和施米德胡贝（Schmidhuber）提出了长短期记忆网络 LSTM，这是一种使用至今的递归神经网络。1998 年，杨立昆正式发表了 LeNet 的论文，在标准手写数字识别的任务中，LeNet 的表现超越了同时期的其他神经网络。

　　2006 年，欣顿等人提出的深度网络是包含多隐藏层、多感知器的一种网络结构，能更抽象、更深层次地描述物体的属性和特征。由于深度学习算法属于高纬矩阵运算，而计算机存在运算能力弱、运算速度慢等限制，无法完成大规模运算，深度学习的发展再次遇到了瓶颈。

　　近年来，随着计算机性能的不断提升，针对高性能运算的硬件不断完善，在一定程度上提高了计算机的运算能力和运算速度，现有的高性能计算机已经可以完成深度学习中大规模的矩阵运算。因此，深度学习得到了快速发展，各种针对深度学习的算法模型被不断提出。例如，2012 年由克里热夫斯基（Krizhevsky）等人自主设计的卷积神经网络 AlexNet 在 ILSVRC2012 中取得了冠军；2014 年，克里斯蒂安·塞盖迪（Christian Szegedy）提出的 GoogLeNet 和牛津大学几何视觉组 VGGNet 分别获得了 ILSVRC2014 的冠军和亚军。

　　目前，大多数计算机视觉相关的算法和模型的验证是以大量样本数据为依托的，因此需要建立相应的数据集，如字符数据集、人脸数据集、车辆数据集等。但是，在其他某些领域的目标识别中可能面临缺乏大样本数据集的问题。因此，如何使用迁移学习技术识别小样本数据是现在以及未来深度学习计算机视觉技术需要解决的问题。另外，目前的图像识别算法大多基于监督学习实现，而使用非监督或半监督学习的方法能够大大提高算法训练的效率，在保证算法识别精度的前提下，如何利用非监督或半监督学习的方法训练模型也是当前深度学习技术的主要改进方向之一。

1.2 深度学习的计算机视觉应用

　　深度学习因提取特征能力强、识别精度高、鲁棒性好等优点被广泛应用于计算机视觉的各种任务，包括人脸识别、图像分类、目标检测、图像分割、姿态估计、场景识别、目标跟踪、动作识别等。另外，还有一些很有趣的应用，如黑白照片自动着色和图像风格转移等。

1.2.1 人脸识别

人脸识别是基于人的脸部特征信息进行身份识别的一种生物识别技术，如图 1-3 所示。人脸识别用摄像机采集含有人脸的图像或视频流，并自动在图像中检测和跟踪人脸，进而对检测到的人脸进行脸部识别，该技术通常也叫作人像识别、面部识别。人脸识别已经被广泛应用于各行各业，如校园门禁、手机便捷支付等。

图 1-3 人脸识别

1.2.2 图像分类

图像分类是根据图像信息中所反映的不同特征，将不同类别的图像进行区分的处理方法。实际上，图像分类是分析一个输入图像并返回一个将图像分类的标签，标签总是来自预定义的可能类别集。利用深度学习算法可以实现对猫的图像的分类，如图 1-4 所示。

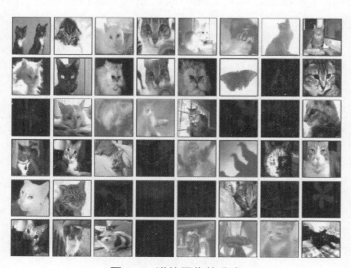

图 1-4 猫的图像的分类

1.2.3　目标检测

目标检测的主要任务是通过计算，自动完成对一张图片中感兴趣目标的位置和类别的预测。随着道路的建设，人们利用汽车出行越发便利，但是同时也出现了道路复杂以及出远门时对道路不熟悉的问题，因此导航几乎成了出行必备的工具之一。数据是导航服务的基石，没有数据就没有导航服务。

对交通标志的检测，特指在普通街景图像上通过自动化手段检测出各种类型的交通标志，如限速、禁止掉头、人行横道和电子眼等。装载交通标志检测设备的汽车自动检测行驶道路上的交通标志，检测结果将最终演变为服务于广大用户的导航数据。交通标志检测如图 1-5 所示。

图 1-5　交通标志检测

1.2.4　图像分割

图像分割是指根据不同目标的特征将图像划分成若干个互不相交的区域，使得特征在同一区域内表现出一致性或相似性，在不同区域间表现出差异性。图像分割是从图像处理到图像分析的关键步骤。图像分割的过程也是标记过程，即把属于同一区域的像素赋予相同的编号。对街道车辆图像进行分割的结果如图 1-6 所示。

图 1-6　图像分割

1.2.5　姿态估计

姿态估计用于确定某一三维目标物体的方位指向，其在机器人视觉、动作跟踪和单目相机定标等很多领域都有应用。同时姿态估计也是计算机理解人类动作、行为必不可少的一步，机器人可以计算如何移动活动关节来实现与人相同的动作。

人体姿态估计常转化为对人体关键点的预测问题，即计算机首先预测出人体各个关键点的位置坐标，然后根据先验知识确定关键点之间的空间位置关系，如图 1-7 所示。

图 1-7　人体姿态估计

1.2.6　场景识别

场景包括背景和物体两个重要的组成部分，图像分类的对象一般是图像中的物体，而场景识别的对象则是图像中的背景。场景识别研究如何像人类一样感知真实环境信息。例如，要求识别出一张给定图片中出现的场景，识别的结果既可以是具体的地理位置，也可以是场景的名称。对场景进行地理位置识别如图 1-8 所示。

（a）雪地　　　　　　　　　　　　　　（b）沙漠

图 1-8　对场景进行地理位置识别

1.2.7 目标跟踪

目标跟踪指的是给定第一帧图像中目标的位置后，预测出后续帧中目标的位置。目标检测和跟踪的区别在于对运动中发生变化的目标的跟踪能力，如果对每帧的画面进行目标检测，也可以实现目标跟踪。目标跟踪需要基于录像进行，可以根据物体的运动特征进行跟踪，而无须确切知道跟踪物体的类别。所以如果利用视频画面之间（帧之间）的临时关系，则可以较高效地实现单纯的目标跟踪。对行人进行目标跟踪如图 1-9 所示。

图 1-9　对行人进行目标跟踪

1.2.8 动作识别

动作识别可以识别视频和图像中的人体行为动作，并返回识别后的行为类别，如举手、吃喝、吸烟、打电话、玩手机等。动作识别可以用于检测驾驶员在驾驶中是否存在吸烟、吃喝、打电话、玩手机等影响安全驾驶的行为；监测学生在学习过程中是否存在玩手机、趴桌子睡觉等行为；监测游客在博物馆、展览馆等公共场所中是否存在吸烟、大声喧哗等不文明行为，以及是否有跌倒之类的异常情况发生。对取杯子的动作进行识别如图 1-10 所示。

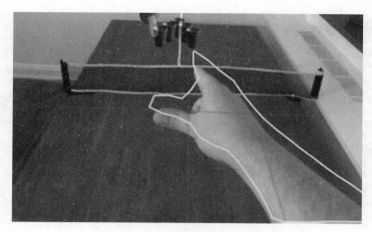

图 1-10　对取杯子的动作进行识别

1.2.9　黑白照片自动着色

黑白照片自动着色是深度学习较为有趣的一个应用。1905 年，著名京剧演员谭鑫培先生主演了我国的第一部电影，也是第一部黑白电影《定军山》。随着时光的变迁，基于深度学习算法的黑白照片自动着色逐渐崭露头角，于是越来越多的黑白图像和电影通过自动着色技术重现当年的色彩。电影《定军山》的黑白照片自动着色如图 1-11 所示。

图 1-11　电影《定军山》的黑白照片自动着色

1.2.10　图像风格转移

图像风格转移是将某一幅图像的风格应用到另一幅图像上的技术，可以对某幅图像施加滤镜的修饰效果。风格转移得到的图像与原图内容相似，但像素级别不一定相似。

输入两幅图像，计算机会生成一幅新的图像。两幅输入图像中，一幅称为"内容图像"，如图 1-12 所示；另外一幅称为"风格图像"，如图 1-13 所示。如果将凡·高的绘画风格应用于内容图像上，那么深度学习算法会按照要求绘制出新风格的图像，其输出图像如图 1-14 所示。

图 1-12　内容图像

图 1-13　风格图像

图 1-14　输出图像

1.3　相关 Python 库

由于 Python 代码简洁、可读性强、易于理解和学习，并且 Python 具有许多优秀的第三方库，使得学习者不用关注繁杂的底层计算也能搭建和训练高度复杂的深度学习模型，因此本书将利用 Python 作为核心工具来实现常见的计算机视觉任务。

1.3.1　深度学习框架

深度学习框架是帮助开发者实现深度学习开发的工具库，它使开发者在无须深入了解底层算法细节的情况下，能够更容易、更快速地构建深度学习模型。深度学习框架利用预先构建和已优化的组件集合定义模型，提供了一种清晰而简洁的方法来实现深度学习。目前开源的深度学习框架很多，如 Caffe、TensorFlow、Keras、PyTorch、CNTK、MXNet、天元、MindSpore 等，其中比较主流且具有代表性的框架有 TensorFlow、Keras、PyTorch 等。下面将从发展历程、现状分析和性能比较 3 个方面介绍 TensorFlow、PyTorch 两种深度学习框架。

1.　发展历程

TensorFlow 的前身是 2011 年某公司内部的孵化项目 DistBelief，这是一个为深度神经网络构建的机器学习系统。经过内部的锤炼后，2015 年 11 月 9 日，基于 Apache License 2.0 的开源协议，TensorFlow 对外发布了。于 2017 年 2 月发布的 TensorFlow 1.0.0 版本标志着 TensorFlow 稳定版的诞生。2017 年 6 月，TensorFlow 1.2.0 发布，将 Keras 融入 TensorFlow 作为 TensorFlow 的高级应用程序接口（Application Programming Interface，API），这也标志着 TensorFlow 在面向数百万用户开源的道路上迈出重要的一步。2019 年 10 月，TensorFlow 2.0.0 发布。相较于 TensorFlow 1，TensorFlow 2 的变化在某种程度上是翻天覆地的。TensorFlow 2 在 TensorFlow 1 的基础上进行了重新设计，针对提高使用者的开发效率，对 API 做了精简，删除了冗余的 API 并使之更加一致。同时，由静态计算图转为动态计算图优先，使用函数替代会话执行计算图。

相较而言，PyTorch 则比较"年轻"。PyTorch 是 2017 年 1 月发布的一款深度学习框架。从名称可以看出，PyTorch 是由 Python 和 Torch 构成的。其中，Torch 是纽约大学在2012 年发布的一款机器学习框架，采用 Lua 语言作为接口。但因 Lua 语言较为小众，导致 Torch 知名度不高。PyTorch 是在 Torch 基础上用 Python 语言进行封装和重构打造而成的，并于 2018 年 5 月正式公布 PyTorch 1.0，这个新的框架将 PyTorch 0.4 与贾扬清的Caffe2 进行了合并，并整合 ONNX 格式，让开发者可以无缝地将 AI 模型从研究转到生产部署。

2．现状分析

在研究领域，PyTorch 的使用率在飞速提升，受到了广大研究人员的青睐，而TensorFlow 则没有如此耀眼的数据。

在工业应用领域，TensorFlow 依然保有优势，尤其在 TensorFlow 1.2 融合 Keras 作为高级独立 API 之后，TensorFlow 在工业领域的优势更加明显。TensorFlow 在工业领域的优势得益于框架诞生的时间较早并被工业界较早地引入。

3．性能比较

一个良好的深度学习框架应该具备优异的性能、易于理解的框架与编码、良好的社区支持、并行化的进程以及自动计算梯度等特征，TensorFlow 和 PyTorch 在这些方面都有良好的表现。为了更为细致地比较两者之间的差异，下面将对 TensorFlow 和PyTorch 两种深度学习框架从运行机制、训练模式、可视化情况、生产部署等方面进行差异比较。

两个框架都是基于张量进行运算的，并将任意一个模型看成有向无环图（Directed Acyclic Graph，DAG）。TensorFlow 1 采用的是静态计算图，需要先使用 TensorFlow 1 的各种算子创建计算图，然后开启一个会话，显式执行计算。而 TensorFlow 2 则可以采用动态计算图，即每创建一个算子后，该算子会被动态加入隐含的默认计算图中立即执行并得到结果，而无须开启会话。使用动态计算图的好处是方便调试程序，缺点是运行效率相对较低。TensorFlow 2 与 PyTorch 的主要区别在于 PyTorch 仅支持动态计算图，而TensorFlow 2 可以同时支持静态计算图和动态计算图。

在分布式训练中，TensorFlow 和 PyTorch 的一个主要的差异在于数据的并行化。使用 TensorFlow 时，使用者必须手动编写代码并微调要在特定设备上运行的每个操作，以实现分布式训练。PyTorch 则利用异步执行的本地支持实现分布式训练，其自身在分布式训练中是比较欠缺的。

在可视化方面，TensorFlow 内置的 TensorBoard 库非常强大，具有显示模型图、绘制标量变量、实现嵌入可视化、播放音频等功能。与 TensorFlow 相比，PyTorch 的可视化略显劣势，开发者可以使用 Visdom 工具进行可视化，但是 Visdom 提供的功能很简单且有限，可视化效果不及 TensorBoard。

在生产部署方面，TensorFlow 可以直接通过 TensorFlow Serving 部署模型，而 PyTorch 没有提供任何用于在网络上直接部署模型的框架，需要使用 Flask 框架进行部署或基于模型编写一个 API。

总体而言，TensorFlow 在保持原有优势的同时进一步融合包括 Keras 在内的优质资源，极大增强了易用性与可调试性；而 PyTorch 虽然年轻，但用户增长的势头猛烈，并通过融合 Caffe2 进一步扩大自身优势。两者都在保留原有优势的同时，努力补足自身短板，这使得在某种程度上两者有融合的趋势，难以定论哪一种框架在未来能够独占鳌头。

本书的所有案例均采用 TensorFlow 2.2.0 编写。为了避免由于 CUDA 版本不适配造成的问题，建议读者通过 Anaconda 的 Anaconda Prompt 终端进行 TensorFlow 环境的配置，推荐使用 Anaconda 2020.07。配置 TensorFlow 环境的 conda 命令如表 1-1 所示。

表 1-1　配置 TensorFlow 环境的 conda 命令

配置 TensorFlow 2.4-GPU 环境	配置 TensorFlow 2.4-CPU 环境
conda create -n tf2 python=3.8.5 #创建环境	conda create -n tf2-cpu python=3.8.5 #创建环境
conda activate tf2 #激活创建好的环境	conda activate tf2-cpu #激活创建好的环境
conda install tensorflow-gpu= =2.2.0 #安装 TensorFlow	conda install tensorflow= =2.2.0 #安装 TensorFlow

1.3.2　图像处理库

在实现计算机视觉任务的过程中，不可避免地需要对图像进行读写操作以及图像预处理操作。下面对 OpenCV 和 Pillow 这两个常用的 Python 图像处理库进行介绍。

1. OpenCV

OpenCV 是一个开源计算机视觉库，由英特尔公司资助。OpenCV 由一系列 C 函数和少量 C++类组成，可实现很多图像处理和计算机视觉方面的通用算法，例如，特征检测与跟踪、运动分析、目标分割与识别以及 3D 重建等。OpenCV 作为基于 C/C++语言编写的跨平台开源软件，可以运行在 Linux、Windows、Android 和 macOS 上，同时提供了Python、Ruby、MATLAB 等语言的接口。本书使用 opencv-python 4.5.1.48。

OpenCV 是模块结构的，有以下 4 个主要模块。

（1）核心功能模块（core）。包含 OpenCV 基本数据结构、动态数据结构、绘图函数、数组操作相关函数、与 OpenGL 的互操作等内容。

（2）图像处理模块（imgproc）。包含线性和非线性的图像滤波、图像的几何变换、图像转换、直方图相关、结构分析和形状描述、运动分析和对象跟踪、特征检测、目标检测等内容。

（3）2D 功能模块（features2D）。包含特征检测和描述、特征检测器、描述符提取器、描述符匹配器、关键点绘制函数和匹配功能绘制函数等内容。

（4）高层图形用户界面模块（highgui）。包含媒体的 I/O、视频捕捉、图像和视频的编码解码、图形交互界面的接口等内容。

2. Pillow

PIL（Python Imaging Library）作为 Python 2 的第三方图像处理库，是 Pillow 的前身。随着 Python 3 的更新，PIL 移植到 Python 3 中并更名为 Pillow。本书使用 Pillow 8.1.0。

与 OpenCV 相同，Pillow 也是模块结构的，主要包括以下模块。

（1）图像功能模块（Image）。包含读写图像、图像混合、图像放缩、图像裁切、图像旋转等内容。

（2）图像滤波功能模块（ImageFilter）。包含各类图像滤波核。

（3）图像增强功能模块（ImageEnhance）。包含色彩增强、亮度增强、对比度增强、清晰度增强等内容。

（4）图像绘画功能模块（ImageDraw）。包含绘制几何形状、绘制文字等内容。

小结

本章首先对计算机视觉和深度学习技术的概念及发展历程进行了简单的介绍，并对计算机视觉和深度学习技术结合应用的领域进行了举例。然后介绍了计算机视觉和深度学习技术实践常用的 Python 框架，对两种主流的深度学习框架 TensorFlow 和 PyTorch 从发展历程、现状分析、性能比较 3 个方面进行了说明。最后对常用的图像处理库 OpenCV 和 Pillow 进行了简单的介绍。

课后习题

1. 选择题

（1）深度学习框架是帮助开发者实现深度学习开发的工具库，下面属于深度学习框架的是（　　）。

　　A. Caffe　　　　B. TensorFlow　　C. PyTorch　　　　D. OpenCV

（2）下列属于浅层学习模型的是（　　）。

　　A. SVM　　　　B. LeNet　　　　C. LSTM　　　　D. LR

（3）（　　）能够学到数据更高层次的抽象表示和自动从数据中提取特征。

　　A. 机器学习　　B. 深度学习　　C. 图像学习　　　D. 数据清洗

（4）OpenCV 作为基于 C/C++语言编写的跨平台开源软件，实现了图像处理和计算机视觉方面的很多通用算法，提供了（　　）语言的接口。

A．MATLAB　　　B．Python　　　　C．几何运算　　　　D．Ruby

（5）Pillow 库的图像功能模块包含的内容有（　　）。

A．读写图像　　　B．对比度增强　　C．图像旋转　　　　D．图像放缩

（6）大量实验和实践验证，浅层结构模型特征提取难以满足需求，而深度学习技术弥补了这一缺陷。下面属于浅层结构模型的有（　　）。

A．VGG16　　　　B．ResNet50　　　C．SVM　　　　　D．Xception

2．填空题

（1）图像处理的目的是通过处理原始图像得到在某一方向特征更明显的新图像。它主要包括：＿＿＿＿＿＿，改善图像的质量以利于观察；＿＿＿＿＿＿，校正质量退化的图像；＿＿＿＿＿＿，在可接受的范围内紧凑地表示图像。

（2）由于表面几何关系和物体取向已知，因此恢复和识别都比较容易实现，对这类图像的处理和解释被称为＿＿＿＿＿和＿＿＿＿＿。

（3）深度学习因＿＿＿＿＿＿＿、＿＿＿＿＿＿＿、＿＿＿＿＿＿等优点被广泛应用于计算机视觉各种任务，包括图像分类、目标检测、图像分割、姿态估计、场景识别、目标跟踪、动作识别等。

（4）在工业应用领域，TensorFlow 依然保有优势，尤其在 TensorFlow 1.2 融合＿＿＿＿＿＿作为高级独立 API 之后，TensorFlow 在工业领域的优势更加明显。

第❷章 图像处理基本操作

数字图像是对真实世界的客观描述，是模拟图像经过采样、量化后的数字结果。图像处理的内容相当丰富，涉及的相关知识和应用领域也非常广泛。本章仅以 OpenCV 为例介绍数字图像处理在深度学习领域常用的基本方法，包括图像的读写方式、颜色空间转换、几何变换方法、增强方法。

学习目标

（1）了解数字图像数据表示形式和常见的图像类型。
（2）掌握图像的读写操作。
（3）掌握常用的不同颜色空间互相转换的方法。
（4）掌握常用的图像几何变换方法。
（5）掌握常用的图像增强方法。

2.1 读写图像

数字图像是连续的光信号经过传感器的采样在空间域上的表达。一幅数字图像是由包含若干个像素的矩形框组成的，如图 2-1 所示。

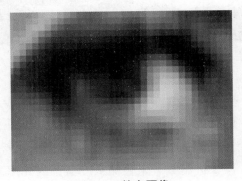

图 2-1 数字图像

图 2-1 所示的一个小格子即一个像素，每个像素都有对应的像素值，不同像素值的像素通过矩阵排列的方式组合成图像。

通过 OpenCV 库对数字图像进行处理时，涉及的基础操作包括读取、显示、保存图像文件。在 OpenCV 库中，图像数据是以 NumPy 数组的形式存在的。假设有一幅大小为 3px×3px 的黑色 RGB 图像，通过 NumPy 数组可以表示为式（2-1）所示的形式，其中[0,0,0]表示图像中的一个像素在 R（红色）、G（绿色）、B（蓝色）3 个颜色通道的值。

$$I_{3\times3} = \begin{bmatrix} [0,0,0] & [0,0,0] & [0,0,0] \\ [0,0,0] & [0,0,0] & [0,0,0] \\ [0,0,0] & [0,0,0] & [0,0,0] \end{bmatrix} \quad （2\text{-}1）$$

2.1.1　常用图像类型

除了 RGB 图像，在图像处理过程中，常用的图像类型还包括二值图像和灰度图像。

1．二值图像

二值图像只有黑、白两种颜色，如图 2-2 所示。图像中的每个像素只能表示黑或白，没有中间的过渡。因此二值图像的像素值只能为 0 或 1，0 表示黑色，1 表示白色。

图 2-2　二值图像

2．灰度图像

灰度图像只表达图像的亮度信息，而没有颜色信息，如图 2-3（a）所示。灰度图像的每个像素上只包含一个量化的灰度级（即灰度值），像素的亮度水平如图 2-3（b）所示。通常使用 1 字节（8 位二进制数）来存储灰度值，因此用非负整数表示灰度值的范围是 0～255。

（a）灰度图像   （b）像素亮度水平

图 2-3　灰度图像

3．RGB 图像

RGB 图像如图 2-4（a）所示。RGB 图像可以看成由多个 RGB 像素组成，每个彩色像素分别由 R、G、B 这 3 种颜色组成，如图 2-4（b）所示。颜色空间的 R、G、B 分别以 0～255 为范围进行量化，如图 2-4（c）所示。因此可以由 3 个 0～255 的数字表示一个彩色像素中 R、G、B 这 3 种颜色的成分。例如，某个彩色像素值为(255,0,255)，表示该像素红色成分为 100%、绿色成分为 0%、蓝色成分为 100%，由此可知该像素颜色为紫色。

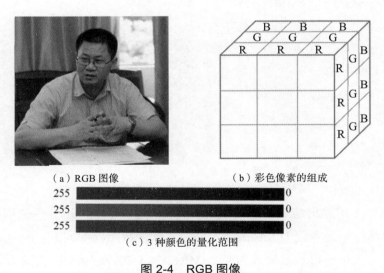

（a）RGB 图像   （b）彩色像素的组成

（c）3 种颜色的量化范围

图 2-4　RGB 图像

2.1.2　读取图像

在 OpenCV 中，通过 cv2.imread 函数读取图像，其基本使用格式如下。

```
cv2.imread(filename[, flags])
```

cv2.imread 函数的参数说明如表 2-1 所示。

深度学习与计算机视觉实战

表 2-1　cv2.imread 函数的参数说明

参数名称	说明
filename	接收 str。表示待读取图像文件的路径。无默认值
flags	接收读取模式。表示读取图像的模式。默认为 cv2.IMREAD_COLOR

使用 cv2.imread 函数实现图像读取操作，如代码 2-1 所示。

代码 2-1　使用 cv2.imread 函数实现图像读取操作

```
import cv2
img = cv2.imread('../data/man.png')  # 以彩色图像模式读取图像
gray = cv2.imread('../data/man.png', cv2.IMREAD_GRAYSCALE)  # 以灰度图像模式
读取图像
print('img_shape:', img.shape)  # 输出图像大小
print('img_dtype:', img.dtype)  # 输出数据格式
print('img_type', type(img))  # 输出图像格式
print('gray _shape:', gray.shape)
print('gray _dtype:', gray.dtype)
print('gray_type', type(gray))
```

代码详见：./code/2.1　读写图像.py。

运行代码 2-1 得到的输出结果如下。

```
img_shape: (600, 600, 3)
img_dtype: uint8
img_type <class 'numpy.ndarray'>
gray _shape: (600, 600)
gray _dtype: uint8
gray_type <class 'numpy.ndarray'>
```

代码详见：./code/2.1　读写图像.py。

根据代码 2-1 的输出结果可知，在默认情况下通过 cv2.imread 函数读取图像数据为 3 通道的彩色图像，像素值为 8 位的非负整数，图像数据以 NumPy 中 ndarray 的方式存在。如果定义 cv2.imread 读取模式为 cv2.IMREAD_GRAYSCALE，那么读取图像为单通道的灰度图像。

需要注意的是，通过 OpenCV 读取彩色图像的颜色通道顺序为 BGR（蓝、绿、红），而并非常用的 RGB（红、绿、蓝）。

2.1.3　显示图像

在 OpenCV 中，通过 cv2.imshow 函数显示图像，其基本使用格式如下。

```
cv2.imshow(winname, mat)
```

cv2.imshow 函数的参数说明如表 2-2 所示。

表 2-2 cv2.imshow 函数的参数说明

参数名称	说明
winname	接收 str。表示显示图像的窗口名称。无默认值
mat	接收 array。表示需要显示的图像。无默认值

使用 cv2.imshow 函数实现图像显示操作，如代码 2-2 所示，得到的结果如图 2-5 所示。

代码 2-2 使用 cv2.imshow 函数实现图像显示操作

```
img = cv2.imread('../data/man.png')  # 以彩色图像模式读取图像
cv2.imshow('man', img)  # 显示图像
cv2.waitKey(0)
```

代码详见：./code/2.1 读写图像.py。

图 2-5 使用 OpenCV 显示图像

在 OpenCV 中，通过 cv2.waitKey 函数设置图像窗口显示时长，其基本使用格式如下。

```
cv2.waitKey([,delay])
```

cv2.waitKey 函数的参数说明如表 2-3 所示。

表 2-3 cv2.waitKey 函数的参数说明

参数名称	说明
delay	接收 int。表示延迟时间，单位为毫秒。无默认值

cv2.waitKey 函数的作用是等待用户按键触发，如果用户按键触发或时间超过了设置的时间，则执行程序。当 delay 的值为 0 时，程序一直暂停运行并等待用户按键触发。

在代码 2-2 中增加 cv2.waitKey(0)的目的是令程序一直停留在显示图像的状态。如果没有增加 cv2.waitKey(0)，那么程序运行完毕后，图像显示窗口会自动关闭。

2.1.4 保存图像

在 OpenCV 中，通过 cv2.imwrite 函数保存图像，其基本使用格式如下。

```
cv2.imwrite(filename, img[, params])
```

cv2.imwrite 函数的参数说明如表 2-4 所示。

表 2-4 cv2.imwrite 函数的参数说明

参数名称	说明
filename	接收 str。表示保存图像的文件名。无默认值
img	接收 array。表示需要保存的图像。无默认值
params	接收 int。表示保存图像的分辨率。无默认值

使用 cv2.imwrite 函数实现图像保存操作，如代码 2-3 所示。

代码 2-3 使用 cv2.imwrite 函数实现图像保存操作

```
gray = cv2.imread('../data/man.png', cv2.IMREAD_GRAYSCALE)  # 以灰度图像模式读取图像
cv2.imwrite('../tmp/man_gray.png', gray)  # 将图像数据保存到磁盘中
```

代码详见：./code/2.1 读写图像.py。

2.2 图像颜色空间

颜色空间是一种表示颜色的数学方法，人们用颜色空间来指定和产生颜色。例如，对于人，可以通过色调、饱和度和明度来定义颜色；对于显示设备，可以通过红、绿和蓝磷光体的发光量描述颜色；对于打印或印刷设备，可以通过对青色光、品红色光、黄色光和黑色光的反射和吸收来产生指定的颜色。因此对于不同的对象，描述颜色的方式不尽相同，从而催生出各种不同的颜色空间。下面将对几种常用的颜色空间进行介绍，并通过图像处理实现不同颜色空间之间的转换。

2.2.1 常用颜色空间简介

实际应用中常用的颜色空间很多，通常使用 3 个独立的变量对颜色进行描述，如

RGB、HSV、YUV 等，每个字母代表一个变量。按照独立变量的意义可将颜色空间分为以下两大类。

（1）基色颜色空间，如 RGB 颜色空间。

（2）色、亮分离颜色空间，如 HSV、YUV 颜色空间。

1．RGB 颜色空间

RGB 颜色空间常用于显示器系统，在 CRT 显示器中，通过发射出 3 种不同强度的电子束，使屏幕内侧覆盖的红、绿、蓝磷光材料发光混合而产生颜色。在 RGB 颜色空间中，任意色光都可以用不同分量的红色、绿色、蓝色 3 色相加混合而成，假设每种基色的数值量化成个数，最大值为 1，最小值为 0，那么黑色可表示为(0,0,0)，白色可表示为(1,1,1)，如图 2-6 所示。

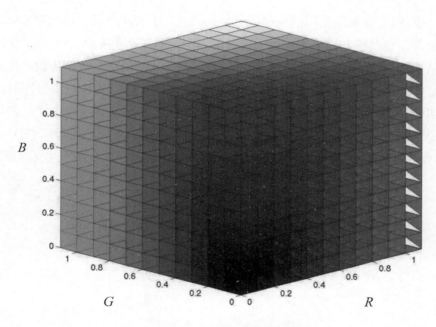

图 2-6　RGB 颜色空间

2．HSV 颜色空间

HSV 颜色空间中 3 个独立变量的物理意义分别为色调（Hue）、饱和度（Saturation）、亮度值（Value），如图 2-7 所示。圆锥的顶面对应 $V=1$，所代表的颜色较亮，当 $V=0$ 时为黑色。颜色 H 由绕 V 轴的旋转角给定，红色对应角度 0°，绿色对应角度 120°，蓝色对应角度 240°。在 HSV 颜色空间中，每一种颜色与其对应的补色相差 180°。饱和度 S 取值范围为 0～1，当 V 值不变，$S=1$ 时对应颜色最深，S 减小时对应颜色变浅；$S=0$ 且 $V=1$ 时表示白色。

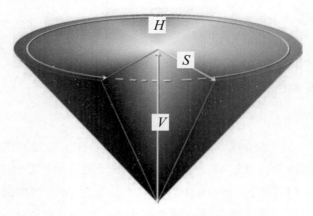

图 2-7　HSV 颜色空间

3. YUV 颜色空间

　　YUV 是被欧洲电视系统采用的一种颜色编码方法。Y 表示亮度，U 和 V 表示色度，作用是描述影像颜色及饱和度，用于指定像素的颜色，如图 2-8 所示。YUV 主要用于优化彩色视频信号的传输，能够向下兼容老式黑白电视。与 RGB 视频信号传输相比，YUV 最大的优点在于只需占用极少的频宽，因为 RGB 要求 3 个独立的视频信号同时传输。亮度 Y 通过 RGB 颜色空间的像素值计算得出，色度 U 和 V 则定义了颜色的色调与饱和度，色度 U 反映 RGB 输入信号蓝色部分与 RGB 信号亮度值之间的差异，色度 V 反映 RGB 输入信号红色部分与 RGB 信号亮度值之间的差异。

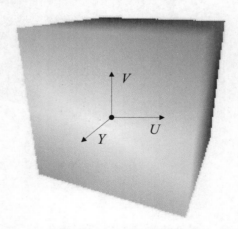

图 2-8　YUV 颜色空间

2.2.2　颜色空间转换

　　在 OpenCV 中，通过 cv2.cvtColor 函数实现颜色空间转换，其基本使用格式如下。

```
cv2.cvtColor(src, code[, dst[, dstCn]])
```

　　cv2.cvtColor 函数的参数说明如表 2-5 所示。

表 2-5 cv2.cvtColor 函数的参数说明

参数名称	说明
src	接收 array。表示输入的图像。无默认值
code	接收读取模式。表示颜色空间类型。无默认值
dst	接收 array。表示输出的图像。无默认值
dstCn	接收 int。表示目标图像数据通道数。无默认值

使用 cv2.cvtColor 函数实现图像颜色空间转换，如代码 2-4 所示，得到的结果如图 2-9 所示。其中图 2-9（a）所示为 BGR 颜色空间图像、图 2-9（b）所示为 RGB 颜色空间图像、图 2-9（c）所示为 HSV 颜色空间图像、图 2-9（d）所示为 YUV 颜色空间图像。

代码 2-4 使用 cv2.cvtColor 函数实现图像颜色空间转换

```python
import cv2
src = cv2.imread('../data/man.png')
cv2.imwrite('../tmp/bgr.jpg',src )   # 将图像数据保存到磁盘中


rgb = cv2.cvtColor(src, cv2.COLOR_BGR2RGB)  # BGR 转 RGB
cv2.imwrite('../tmp/rgb.jpg',rgb)


hsv = cv2.cvtColor(src, cv2.COLOR_BGR2HSV)  # BGR 转 HSV
cv2.imwrite('../tmp/hsv.jpg',hsv)


yuv = cv2.cvtColor(src, cv2.COLOR_BGR2YUV)  # BGR 转 YUV
cv2.imwrite('../tmp/yuv.jpg',yuv)
```

代码详见：./code/2.2 图像颜色空间.py。

（a）BGR颜色空间图像 （b）RGB颜色空间图像

（c）HSV颜色空间图像 （d）YUV颜色空间图像

图 2-9 图像颜色空间的转换

2.3 图像几何变换

图像的几何变换是指引起图像几何形状、位置、朝向、大小改变的变换，包括图像的平移、缩放、旋转和仿射等。图像几何变换可以看成像素在图像内的移动过程，该移动过程可以改变图像中物体对象（像素）之间的空间关系。图像几何变换属于数字图像处理的方法之一。

2.3.1 图像平移

图像平移变换将一幅图像中的所有像素都按照给定的偏移量在水平方向（沿 x 轴方向）或垂直方向（沿 y 轴方向）移动，是图像几何变换中较为简单的一种变换。

图像平移原理如图 2-10 所示。假设对点 $P_0(x_0, y_0)$ 进行平移后得到点 $P(x, y)$，其中 x 方向的平移量为 Δx，y 方向的平移量为 Δy，则点 $P(x, y)$ 的坐标如式（2-2）所示。

$$\begin{cases} x = x_0 + \Delta x \\ y = y_0 + \Delta y \end{cases} \tag{2-2}$$

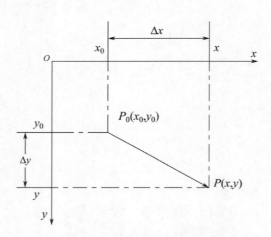

图 2-10　图像平移原理

利用齐次坐标表示图像平移变换前后点 $P_0(x_0, y_0)$ 到点 $P(x, y)$ 的关系如式（2-3）所示。

$$\begin{bmatrix} x \\ y \\ 1 \end{bmatrix} = \begin{bmatrix} 1 & 0 & \Delta x \\ 0 & 1 & \Delta y \\ 0 & 0 & 1 \end{bmatrix} \times \begin{bmatrix} x_0 \\ y_0 \\ 1 \end{bmatrix} \tag{2-3}$$

平移后图像上的每一个点都可以在原图像中找到对应的点。

在 OpenCV 中，通过 cv2.warpAffine 函数进行矩阵变换，其基本使用格式如下。

```
cv2.warpAffine(src, M, dsize[, dst[, flags[, borderMode[, borderValue]]]])
```

cv2.warpAffine 函数的参数说明如表 2-6 所示。

表 2-6　cv2.warpAffine 函数的参数说明

参数名称	说明
src	接收 array。表示输入的图像。无默认值
M	接收 array。表示用于变换的矩阵。无默认值
dsize	接收 tuple。表示输出图像的大小。无默认值
dst	接收 array。表示输出的图像。无默认值
flags	接收插值模式。表示进行矩阵变换的方法。默认为 cv2.INTER_LINEAR
borderMode	接收边界填充模式。表示进行边界填充的方法。默认为 cv2.BORDER_CONSTANT
borderValue	接收常量或标量。表示边界填充值。默认为 0

使用 cv2.warpAffine 函数实现图像平移操作，如代码 2-5 所示，得到的结果如图 2-11 所示，其中图 2-11（a）为原图，图 2-11（b）为平移后的图像。

代码 2-5　使用 cv2.warpAffine 函数实现图像平移操作

```
import cv2
import numpy as np

img = cv2.imread('../data/man.png')
H = np.float32([[1, 0, 100], [0, 1, 100]])  # 定义平移矩阵
rows, cols = img.shape[:2]  # 获取图像高宽（行列数）
res = cv2.warpAffine(img, H, (cols, rows))  # 进行矩阵变换
cv2.imwrite('../tmp/translate.jpg', res)  # 保存平移后的图像
```

代码详见：./code/2.3　图像几何变换.py。

（a）原图　　　　　　　　　　（b）平移后的图像

图 2-11　图像平移

2.3.2　图像缩放

图像缩放是指将给定的图像在 x 轴方向按比例缩放 f_x 倍，在 y 轴方向按比例缩放 f_y

倍，从而获得一幅新的图像。如果 $f_x = f_y$，即 x 轴方向和 y 轴方向缩放的比例相同，此比例缩放为图像的全比例缩放。如果 $f_x \neq f_y$，那么图像的比例缩放会改变原始图像的像素间的相对位置，产生几何畸变。

图像缩放原理如图 2-12 所示。假设原图像中的像素 $P_0(x_0, y_0)$，经过比例系数 (f_x, f_y) 缩放后，在新图像中的对应点为 $P(x, y)$，则 $P_0(x_0, y_0)$ 和 $P(x, y)$ 之间的对应关系如式（2-4）所示。

$$\begin{cases} x = f_x \cdot x_0 \\ y = f_y \cdot y_0 \end{cases} \qquad (2\text{-}4)$$

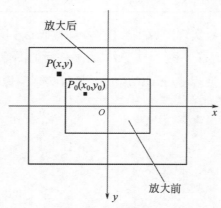

图 2-12　图像缩放原理

利用齐次坐标表示图像缩放变换前后点 $P_0(x_0, y_0)$ 到点 $P(x, y)$ 的关系如式（2-5）所示。

$$\begin{bmatrix} x \\ y \\ 1 \end{bmatrix} = \begin{bmatrix} f_x & 0 & 0 \\ 0 & f_y & 0 \\ 0 & 0 & 1 \end{bmatrix} \times \begin{bmatrix} x_0 \\ y_0 \\ 1 \end{bmatrix} \qquad (2\text{-}5)$$

具体实现图像缩放的方法有多种，OpenCV 的 cv2.resize 函数提供了最近邻插值、双线性插值、区域插值、三次样条插值和 Lanczos 插值 5 种方法。

在 OpenCV 中，通过 cv2.resize 函数进行图像缩放，其基本使用格式如下。

```
cv2.resize(src, dsize[, dst[, fx[, fy[, interpolation]]]])
```

cv2.resize 函数的参数说明如表 2-7 所示。

表 2-7　cv2.resize 函数的参数说明

参数名称	说明
src	接收 array。表示输入的图像。无默认值
dsize	接收 tuple。表示输出图像的大小。无默认值
dst	接收 array。表示输出的图像。无默认值
fx	接收 double。表示 x 轴上的缩放比例。默认为 0

续表

参数名称	说明
fy	接收 double。表示 y 轴上的缩放比例。默认为 0
interpolation	接收插值模式。表示进行图像缩放变换的方法。默认为 cv2.INTER_LINEAR

1. 最近邻插值法

最近邻插值法选取离目标点最近的点作为新的插入点，是一种较为简单的插值方法。由于是以最近的点作为新的插入点，因此边缘不会出现缓慢的渐慢过渡区域，这容易导致放大的图像出现锯齿现象。

假设点 A 坐标为(2.3,4.7)，点 A 的 4 个相邻整数坐标分别为(2,4)、(3,4)、(2,5)、(3,5)，离点 A 最近的点为(2,5)，根据最近邻插值法，放大图像时，在点 A 附近插入的点为(2,5)。

采用最近邻插值法将图像放大和缩小，如代码 2-6 所示，得到的效果如图 2-13 所示，其中图 2-13（a）所示为原图、图 2-13（b）所示为放大后的图像、图 2-13（c）所示为缩小后的图像。

代码 2-6　采用最近邻插值法将图像放大和缩小

```
img = cv2.imread('../data/man.png')


# 方法一：设置图像缩放因子，对图像进行放大和缩小，使用最近邻插值法
scale_large = cv2.resize(img, None, fx=1.5,
                            fy=1.5, interpolation=cv2.INTER_NEAREST)
scale_small = cv2.resize(img, None, fx=0.75,
                            fy=0.75, interpolation=cv2.INTER_NEAREST)
# 保存缩放后的图像
cv2.imwrite('../tmp/scale_large.jpg', scale_large)
cv2.imwrite('../tmp/scale_small.jpg', scale_small)
```

代码详见：./code/2.3　图像几何变换.py。

　（a）原图　　　　　（b）放大后的图像　　　　（c）缩小后的图像

图 2-13　采用最近邻插值法缩放图像

2．双线性插值法

双线性插值法利用点 (x,y) 的 4 个最近邻像素的灰度值，计算点 (x,y) 的像素值。双线性插值法原理如图 2-14 所示。设输出图像的宽度为 W ，高度为 H ，输入图像的宽度为 w ，高度为 h 。按照双线性插值法，将输入图像的宽度方向分为 W 等份，高度方向分为 H 等份，那么输出图像中任意一点 (x,y) 的像素值就应该由输入图像中 (a,b)、$(a+1,b)$、$(a,b+1)$ 和 $(a+1,b+1)$ 4 个点的像素值确定，其中，$a = \left[x \cdot \dfrac{w}{W} \right]$，$b = \left[y \cdot \dfrac{h}{H} \right]$。

点 (x,y) 的像素值 $f(x,y)$ 如式（2-6）所示。

$$f(x,y) = (b+2-y)f(x,b) + (a+1-x)f(x,b+1) \tag{2-6}$$

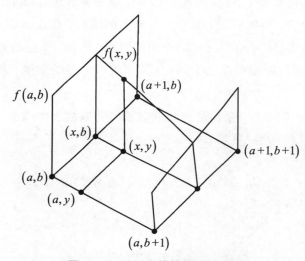

图 2-14　采用双线性插值法原理

采用双线性插值法将图像放大和缩小，如代码 2-7 所示，得到的效果如图 2-15 所示，其中图 2-15（a）所示为原图、图 2-15（b）所示为放大后的图像、图 2-15（c）所示为缩小后的图像。

代码 2-7　采用双线性插值法将图像放大和缩小

```python
img = cv2.imread('../data/man.png')


# 方法二：设置图像缩放因子，对图像进行放大和缩小，使用双线性插值法
scale_large = cv2.resize(img, None, fx=1.5, fy=1.5,
                         interpolation=cv2.INTER_LINEAR)
scale_small = cv2.resize(img, None, fx=0.75, fy=0.75,
                         interpolation=cv2.INTER_LINEAR)
# 保存缩放后的图像
```

```
cv2.imwrite('../tmp/scale_large2.jpg', scale_large)
cv2.imwrite('../tmp/scale_small2.jpg', scale_small)
```

代码详见：./code/2.3 图像几何变换.py。

（a）原图　　　　　　　　　（b）放大后的图像　　　　　　（c）缩小后的图像

图 2-15 采用双线性插值法缩放图像

3. 区域插值法

区域插值法先将原始图像分割成不同区域，然后将插值点映射到原始图像，判断其所属区域，最后根据插值点附近的像素值采用不同的策略计算插值点的像素值。区域插值共分 3 种情况，图像放大时类似于双线性插值，图像缩小（ x 轴、y 轴同时缩小）时又分如下两种情况。

（1）当图像缩小比例为整数倍 n 时，取插值点邻域内的区域像素的平均值作为插值点的像素值。当 $n=2$ 时的区域插值如图 2-16 所示。

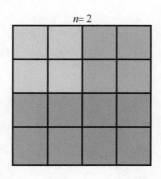

$n=2$

图 2-16 当 $n=2$ 时的区域插值

（2）当缩小比例为非整数倍 $n.k$ 时（ n 为整数部分，k 为小数部分），先取插值点整数部分邻域内的像素均值 a，加上小数部分 $0.k$ 乘整数部分对应区域以外像素值的平均值 b 的和作为插值点的像素值 $V_{\text{pixcell}}=a+0.k\times b$ 。当 $n.k=1.5$ 时的区域插值如图 2-17 所示。

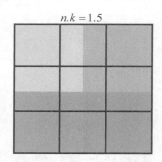

图 2-17　当 $n.k$=1.5 时的区域插值

采用区域插值法将图像放大和缩小，如代码 2-8 所示，得到的效果如图 2-18 所示，其中图 2-18（a）所示为原图、图 2-18（b）所示为放大后的图像、图 2-18（c）所示为缩小后的图像。

代码 2-8　采用区域插值法将图像放大和缩小

```python
img = cv2.imread('../data/man.png')


height, width = img.shape[:2]   # 获取图像高宽


# 方法三：设置图像的大小，不需要缩放因子，对图像进行放大和缩小，使用区域插值法
scale_large = cv2.resize(img, (int(1.5 * width), int(1.5 * height)),
                         interpolation=cv2.INTER_AREA)
scale_small = cv2.resize(img, (int(0.75 * width), int(0.75 * height)),
                         interpolation=cv2.INTER_AREA)


cv2.imwrite('../tmp/scale_large3.jpg', scale_large)   # 保存缩放后的图像
cv2.imwrite('../tmp/scale_small3.jpg', scale_small)
```

代码详见：./code/2.3　图像几何变换.py。

（a）原图　　　　　　　　　（b）放大后的图像　　　　　　　（c）缩小后的图像

图 2-18　采用区域插值法缩放图像

4. 三次样条插值法

三次样条插值法需要选取插值点 (x,y) 的邻域内 16 个点的像素值，然后利用三次多项式 $S(x)$ 求逼近理论上的最佳插值函数来计算插值点的像素值，$S(x)$ 的表达式如式（2-7）所示。三次样条插值的优点在于具有一阶、二阶导数收敛的性质，插值得到的结果更加平滑，缺点是运算量较大。

$$S(x) = \begin{cases} 1 - 2|x|^2 + |x|^3, & 0 \leqslant |x| < 1 \\ 4 - 8|x| + 5|x|^2 - |x|^3, & 1 \leqslant |x| < 2 \\ 0, & |x| \geqslant 2 \end{cases} \qquad (2\text{-}7)$$

采用三次样条插值法将图像放大和缩小，如代码 2-9 所示，得到的效果如图 2-19 所示，其中图 2-19（a）所示为原图、图 2-19（b）所示为放大后的图像、图 2-19（c）所示为缩小后的图像。

代码 2-9　采用三次样条插值法将图像放大和缩小

```
img = cv2.imread('../data/man.png')


# 方法四：设置图像缩放因子，对图像进行放大和缩小，使用三次样条插值法
scale_large = cv2.resize(img, None, fx=1.5, fy=1.5,
                         interpolation=cv2.INTER_CUBIC)
scale_small = cv2.resize(img, None, fx=0.75, fy=0.75,
                         interpolation=cv2.INTER_CUBIC)


cv2.imwrite('../tmp/scale_large4.jpg', scale_large)   # 保存缩放后的图像
cv2.imwrite('../tmp/scale_small4.jpg', scale_small)
```

代码详见：./code/2.3　图像几何变换.py。

（a）原图

（b）放大后的图像

（c）缩小后的图像

图 2-19　采用三次样条插值法缩放图像

5. Lanczos 插值法

一维的 Lanczos 插值法在目标点的左边和右边各取 4 个点进行插值，这 8 个点的权重由高阶函数计算得到。二维的 Lanczos 插值法在 x、y 方向取邻域内的 16 个点进行插值，通过计算加权和的方式确定插值点的像素值。

采用 Lanczos 插值法将图像放大和缩小，如代码 2-10 所示，得到的效果如图 2-20 所示，其中图 2-20（a）所示为原图、图 2-20（b）所示为放大后的图像、图 2-20（c）所示为缩小后的图像。

代码 2-10　采用 Lanczos 插值法将图像放大和缩小

```
img = cv2.imread('../data/man.png')
height, width = img.shape[:2]  # 获取图像高宽

# 方法五：设置图像的大小，不需要缩放因子，对图像进行放大和缩小，使用 lanczos 插值法
scale_large = cv2.resize(img, (int(1.5 * width), int(1.5 * height)),
                         interpolation=cv2.INTER_LANCZOS4)
scale_small = cv2.resize(img, (int(0.75 * width), int(0.75 * height)),
                         interpolation=cv2.INTER_LANCZOS4)

cv2.imwrite('../tmp/scale_large5.jpg', scale_large)  # 保存缩放后的图像
cv2.imwrite('../tmp/scale_small5.jpg', scale_small)
```

代码详见：./code/2.3　图像几何变换.py。

（a）原图　　　　　　（b）放大后的图像　　　　　（c）缩小后的图像

图 2-20　采用 Lanczos 插值法缩放图像

2.3.3　图像旋转

图像旋转（Rotation）是指图像以某一点为中心旋转一定的角度形成一幅新的图像的过程。通常是以图像的中心为圆心旋转，将图像中的所有像素都旋转相同的角度。

　　图像旋转原理如图 2-21 所示，将点 (x_0, y_0) 绕原点 O 顺时针旋转至点 (x_1, y_1) ，其中 a 为旋转角，r 为点 (x_0, y_0) 到原点的距离，b 为原点 O 到点 (x_0, y_0) 的线段与 x 轴之间的夹角。在旋转过程中，r 保持不变。

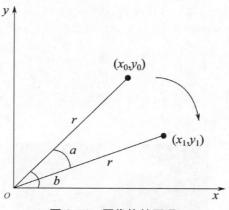

图 2-21　图像旋转原理

　　设旋转前，x_0、y_0 的坐标分别为 $x_0 = r\cos b$、$y_0 = r\sin b$，当旋转 a 角度后，坐标 x_1、y_1 的值分别如式（2-8）、式（2-9）所示。

$$x_1 = r \cdot \cos(b - a) = r \cdot \cos b \cdot \cos a + r \cdot \sin b \cdot \sin a = x_0 \cdot \cos a + y_0 \cdot \sin a \qquad (2\text{-}8)$$

$$y_1 = r \cdot \sin(b - a) = r \cdot \sin b \cdot \cos a - r \cdot \cos b \cdot \sin a = -x_0 \cdot \sin a + y_0 \cdot \cos a \qquad (2\text{-}9)$$

　　式（2-8）和式（2-9）的矩阵的形式如式（2-10）所示。

$$\begin{bmatrix} x_1 \\ y_1 \\ 1 \end{bmatrix} = \begin{bmatrix} \cos a & \sin a & 0 \\ -\sin a & \cos a & 0 \\ 0 & 0 & 1 \end{bmatrix} \times \begin{bmatrix} x_0 \\ y_0 \\ 1 \end{bmatrix} \qquad (2\text{-}10)$$

　　在 OpenCV 中，通过 cv2.getRotationMatrix2D 函数获得旋转变化矩阵，其基本使用格式如下。

```
cv2.getRotationMatrix2D(center, angle, scale)
```

　　cv2.getRotationMatrix2D 函数的参数说明如表 2-8 所示。

表 2-8　cv2.getRotationMatrix2D 函数的参数说明

参数名称	说明
center	接收 tuple。表示旋转的中心点。无默认值
angle	接收 double。表示旋转的角度。无默认值
scale	接收 double。表示缩放的比例。无默认值

　　使用 cv2.getRotationMatrix2D 函数实现图像旋转，如代码 2-11 所示，得到的效果如图 2-22 所示。

代码 2-11　使用 cv2.getRotationMatrix2D 函数实现图像旋转

```
img = cv2.imread('../data/man.png')
height, width = img.shape[:2]  # 获取图像高宽（行列数）

matRotate = cv2.getRotationMatrix2D((width * 0.5, height * 0.5), 45, 0.9)
# 计算旋转变化矩阵
img_rotate = cv2.warpAffine(img, matRotate, (width, height))  # 旋转
cv2.imwrite('../tmp/man_rotate.jpg', img_rotate)  # 保存旋转后的图像
```

代码详见：./code/2.3　图像几何变换.py。

图 2-22　图像旋转

2.3.4　图像仿射

图像仿射是由图像进行一次线形变换并加上平移向量的变换，包括图像平移、图像缩放、图像旋转等图像几何变换方法。假设原图像的某个像素 (x', y') 经过仿射变换后为 (x, y)，那么仿射变换的过程如式（2-11）所示。

$$\begin{cases} x = a \cdot x' + by' + c \\ y = d \cdot x' + ey' + f \end{cases} \tag{2-11}$$

式（2-11）的矩阵形式如式（2-12）所示。

$$\begin{bmatrix} x \\ y \\ 1 \end{bmatrix} = \begin{bmatrix} a & b & c \\ d & e & f \\ 0 & 0 & 1 \end{bmatrix} \times \begin{bmatrix} x' \\ y' \\ 1 \end{bmatrix} \tag{2-12}$$

其中参数 a、e 决定图像的缩放变换，参数 c、f 决定图像的平移变换，参数 a、b、d、e 决定图像的旋转变换。

在 OpenCV 中，通过 cv2.getAffineTransform 函数得到仿射变换矩阵，其基本使用格式如下。

```
cv.getAffineTransform(src, dst)
```

cv2.getAffineTransform 函数的参数说明如表 2-9 所示。

表 2-9 cv2.getAffineTransform 函数的参数说明

参数名称	说明
src	接收 array。表示输入图像中不在同一直线的 3 个点的坐标。无默认值
dst	接收 array。表示目标图像中不在同一直线的 3 个点的坐标。无默认值

1. 车牌矫正

车牌矫正是车牌识别的重要步骤。由于拍摄角度的不同，图像中车牌的形状大多存在畸变现象，如图 2-23 所示。畸变的车牌区域图像会造成车牌识别精度的降低，因此需要对车牌区域图像进行畸变矫正。

图 2-23 发生畸变的车牌区域图像

首先找出车牌区域的角点，选择 4 个角点（红色点）中任意 3 个角点（绿色圈）作为计算仿射变换矩阵的输入数据点，如图 2-23 所示。然后定义仿射变换后输出的 3 个角点的位置，希望经过仿射变换后车牌区域的形状是一个矩形。输出的 3 个目标点的位置关系如图 2-24 所示。

图 2-24 仿射变换的目标点

通过仿射变换实现车牌区域的畸变矫正，如代码 2-12 所示，得到的效果如图 2-25 所示。

代码 2-12 通过仿射变换实现车牌区域的畸变矫正

```
img = cv2.imread('../data/plate.jpg')
```

```
rows, cols, channel = img.shape

# 定义仿射变换前数据点集合
pts1 = np.float32([[60, 260], [20, 570], [850, 300]])
# 定义仿射变换后数据点集合
pts2 = np.float32([[100, rows/3], [100, rows * 2/3], [cols - 100, rows * 2/3]])

# 画出仿射变换前数据点
for point in pts1:
    cv2.circle(img, (int(point[0]), int(point[1])), 10, (0, 0, 255),
               thickness=-1)

M = cv2.getAffineTransform(pts1, pts2)   # 获取仿射变换矩阵 M
dst = cv2.warpAffine(img, M, (cols, rows))   # 进行变换得到结果图像

# 画出仿射变换后数据点
for point in pts2:
    cv2.circle(dst, (int(point[0]), int(point[1])), 20, (0, 255, 0),
               thickness=2)
cv2.imwrite('../tmp/warpAffinePlate.jpg', dst)   # 保存仿射变换后的图像
```

代码详见：./code/2.3　图像几何变换.py。

图 2-25　矫正后的车牌图像

2. 人脸对齐

与车牌识别相似，在人脸识别过程中，不同人脸的姿态可能不同，在非正脸姿态（如图 2-26 所示）下进行人脸识别，对识别的精度影响非常大。因此在人脸识别之前，需要对人脸进行对齐，保证识别的人脸姿态都是正脸。

图 2-26　非正脸姿态下的人脸

首先确定 3 个人脸对齐参考点，这里选择眼睛和嘴巴的位置作为人脸对齐参考点，如图 2-26 所示的红色标记点。如果希望矫正后的人脸方向为正方向，那么变换后的人脸图像中眼睛与嘴巴的位置关系如图 2-27 所示。

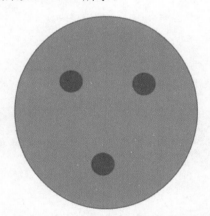

图 2-27　变换后的人脸图像中眼睛与嘴巴的位置关系

通过仿射变换实现人脸对齐，如代码 2-13 所示，得到的效果如图 2-28 所示，其中绿色的圆圈圈住的是仿射变换后的数据点。

代码 2-13　通过仿射变换实现人脸对齐

```
img = cv2.imread('../data/face.png')
rows, cols, channel=img.shape


# 定义仿射变换前数据点集合
pts1 = np.float32([[136, 166], [165, 143], [178, 185]])
# 定义仿射变换后数据点集合
pts2 = np.float32([[136, 160], [185, 160], [168, 200]])
```

```
# 画出仿射变换前数据点
for point in pts1:
    cv2.circle(img, (int(point[0]), int(point[1])), 5, (0, 0, 255),
               thickness=-1)

M = cv2.getAffineTransform(pts1, pts2)  # 获取仿射变换矩阵
dst = cv2.warpAffine(img, M, (cols, rows))  # 进行变换得到结果图像

# 画出仿射变换后数据点
for point in pts2:
    cv2.circle(dst, (int(point[0]), int(point[1])), 10, (0, 255, 0),
               thickness=2)

cv2.imwrite('../tmp/warpAffineFace.jpg', dst)  # 保存仿射变换后的图像1

cv2.imshow('Lena', dst)  # 显示图像
```

代码详见：./code/2.3 图像几何变换.py。

图 2-28　人脸对齐

2.4　图像增强

图像增强是图像处理中的一个重要内容，在图像生成、传输或变换的过程中，由于多种因素的影响，会造成图像质量下降、图像模糊、特征淹没等问题，给后续人脸识别

等操作带来困难。因此，按特定的需要将图像中的特征有选择地突出、衰减不需要的特征、提升图像提供信息的能力是图像增强的主要内容。图像增强并不针对图像的质量进行改变，增强后的图像也不一定能够逼近原图像，而图像复原主要是针对降质的图像进行质量方面的提升，这是图像增强与图像复原的本质区别。图像增强的主要目的有两个，一是改善图像的视觉效果，提高图像的清晰度；二是将图像转换成一种更适合人类或机器进行分析处理的形式，以便从图像中获取更多有用的信息。

图像增强的方法有很多种，如图 2-29 所示。按增强的目的和效果可以将图像增强方法大致分为灰度级修正、图像平滑、图像锐化等。按照增强处理空间划分可以分为空间域处理和频率域处理。空间域处理直接对图像的像素进行处理，主要包括灰度变换、直方图处理、空间域平滑和锐化等。频率域处理在图像的某种变换域内，对变换后的系数进行运算，然后反变换到原来的空间域，得到增强的图像，主要包括低通滤波、高通滤波等。

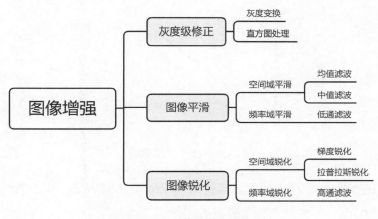

图 2-29　图像增强方法

2.4.1　灰度级修正

灰度级修正是图像增强处理技术中一种非常基础、直接的空间域图像处理方法。由于形成图像的系统亮度有限，常出现对比度不足的弊病，人眼观看图像时的视觉效果很差。通过灰度级修正方法可使图像动态范围加大、对比度扩展、清晰度增加，从而大大改善图像的视觉效果。

1. 灰度变换

可以采用灰度变换方法将图像灰度级的范围进行扩展或压缩，使图像的灰度级处于记录设备或显示设备的动态范围（曝光范围）内，从而使图像变得更加清晰、图像上的特征更加明显。

灰度变换是图像增强的重要手段之一。例如，在处理数码相片时，有时可能因为环境光源太暗，灰度值偏小，就会使图像太暗看不清；如果环境光源太亮，又使图像泛白。通过灰度变换，即可将灰度值调整到合适的范围，处理后的相片会变得清晰。

（1）线性变换。

灰度的线性变换将图像中的所有像素的值按线性变换函数进行变换。在曝光不足或过度的情况下，图像的灰度值会局限在一个很小的范围内，这时在显示器上看到的将是一个模糊不清、似乎没有层次的图像。针对这一情况，使用一个线性单值函数对图像内的每一个像素进行线性扩展，将有效地改善图像的视觉效果。

线性变换原理如图 2-30 所示。以曝光不足为例，假设原图像 $f(x,y)$ 的灰度范围是 $[a,b]$，期望经过灰度线性变换后得到的图像 $g(x,y)$ 灰度范围是 $[c,d]$，则线性变换过程如式（2-13）所示。

$$g(x,y)=[(d-c)/(b-a)] \cdot (f(x,y)-a)+c \qquad (2\text{-}13)$$

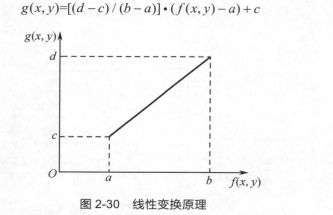

图 2-30　线性变换原理

实现线性变换如代码 2-14 所示，得到的效果如图 2-31 所示，其中图 2-31（a）所示为原图、图 2-31（b）所示为线性变换后的图像。

代码 2-14　实现线性变换

```python
import cv2
import numpy as np
import math
from matplotlib import pyplot as plt


img = cv2.imread('../data/man_1.png')
gray = cv2.cvtColor(img, cv2.COLOR_BGR2GRAY)  # 转换为灰度图像


dst = 1.5 * gray  # 进行线性变换
dst[dst > 255] = 255  # 截断超出 255 的像素
dst = np.asarray(dst, np.uint8)
```

```
cv2.imwrite('../tmp/gray2.jpg', gray)
cv2.imwrite('../tmp/dst.jpg', dst)
```

代码详见：./code/2.4 图像增强.py。

（a）原图　　　　　　　　　　（b）线性变换后的图像

图 2-31　线性变换效果

（2）非线性变换。

使用非线性函数对图像灰度进行映射，可实现图像灰度的非线性变换，常用的有对数函数[见图 2-32（a）]、指数函数[见图 2-32（b）]等。

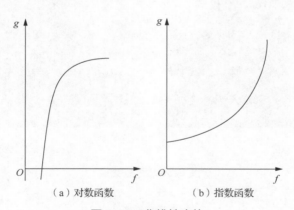

（a）对数函数　　　　　　　　（b）指数函数

图 2-32　非线性变换

对数变换可以增强低灰度值的像素，扩展低灰度区，压制高灰度值的像素。当希望对图像的低灰度区进行较大的拉伸而对高灰度区压缩时，可采用这种变换。对数变换后的图像灰度分布与人的视觉特性相匹配。假设原图像为 $f(x,y)$，经过对数变换的图像为 $g(x,y)$，那么对数变换可表达为如式（2-14）所示。

$$g(x,y)=a+c \cdot \lg(f(x,y)+1) \qquad （2\text{-}14）$$

在式（2-14）中，a、c 为常数。实现对数变换如代码 2-15 所示，得到的效果如图 2-33 所示，其中图 2-33（a）所示为原图、图 2-33（b）所示为对数变换后的图像。

代码 2-15　实现对数变换

```python
# 对数变换
def log(a, c, img):
    output = c * np.log(1.0 + img)
    output = np.uint8(output + a)
    return output


img = cv2.imread('../data/11.jpg')  # 读取原始图像
dst = log(0.5, 42, img)  # 图像对数变换
# 保存图像
cv2.imwrite('../tmp/dst2.jpg', dst)
cv2.destroyAllWindows()
```

代码详见：./code/2.4　图像增强.py。

（a）原图　　　　　　　　　　　　　　　　　（b）对数变换后的图像

图 2-33　对数变换

指数变换的表达式如式（2-15）所示。

$$g(x,y)=c \cdot f(x,y)^{\gamma} \tag{2-15}$$

在式（2-15）中，γ 为指数系数，c 为比例系数。γ 小于 1 时，指数变换会拉伸图像中灰度级较低的区域，同时会压缩灰度级较高的部分；γ 大于 1 时，指数变换会拉伸图像中灰度级较高的区域，同时会压缩灰度级较低的部分。

实现指数变换如代码 2-16 所示，得到的效果如图 2-34 所示，其中图 2-34（a）所示为原图、图 2-34（b）所示为指数变换后的图像。

代码 2-16　实现指数变换

```
# 指数变换
gamma = 1.2
c = 0.8
dst = np.power(img, gamma) * c
# 截断超出 255 的像素
dst[dst > 255] = 255
dst = np.uint8(dst)

cv2.imwrite('../tmp/dst3.jpg', dst)
```

代码详见：./code/2.4　图像增强.py。

（a）原图　　　　　　　　　　　　　　　　　　（b）指数变换后的图像

图 2-34　指数变换

2．直方图均衡

图像的灰度直方图如图 2-35 所示，用横坐标表示像素值，纵坐标表示各个像素值出现的像素数。像素直方图可以反映图像灰度的统计特性，以及图像中不同灰度值的面积或像素数在整幅图像中所占的比例。

灰度直方图概括了一幅图像的灰度级信息，一幅图像具有唯一的灰度直方图。灰度直方图的分布形态可以揭示图像信息的许多特征，为图像分析提供有力的论据。图像及其灰度直方图如图 2-36 所示。若直方图密集地分布在很窄的区域之内，说明图像的对比度很低；若直方图有两个峰值，则说明图像中有可能存在两种不同亮度的区域。

直方图均衡的基本思想是对原始图像中的像素灰度做某种映射变换，使变换后图像灰度的概率密度是均匀分布的，即变换后的图像是一幅灰度级均匀分布的图像，这意味着图像灰度的动态范围得到了增加，从而提高图像的对比度。

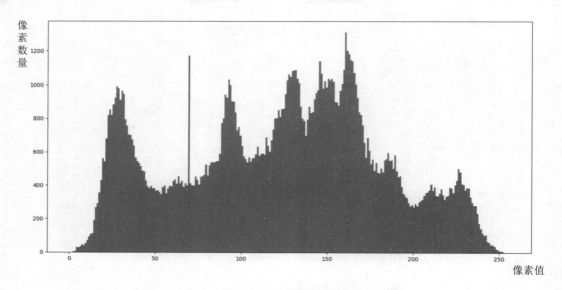

图 2-35　灰度直方图

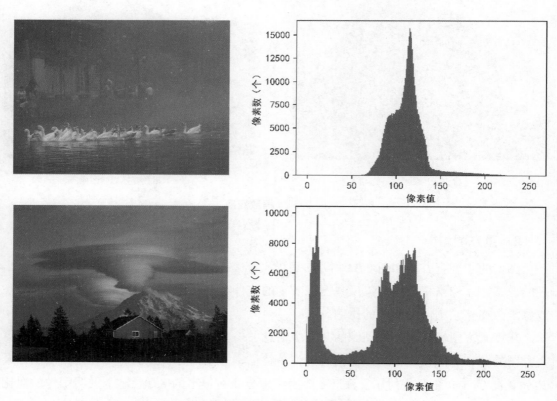

图 2-36　图像及其灰度直方图

在 OpenCV 中，通过 cv2.equalizeHist 函数进行直方图均衡，其基本使用格式如下。

```
cv2.equalizeHist(src[, dst])
```

cv2.equalizeHist 函数的参数说明如表 2-10 所示。

表 2-10　cv2.equalizeHist 函数的参数说明

参数名称	说明
src	接收 array。表示输入的图像。无默认值
dst	接收 array。表示输出的图像。无默认值

实现直方图均衡如代码 2-17 所示，得到的效果如图 2-37 所示。由图 2-37 可知，经过直方图均衡的图像的细节信息得到了增强，如人物更加清晰。

代码 2-17　实现直方图均衡

```python
# 彩色图像均衡化，需要分解通道，对每一个通道均衡化
def EqualizeHist(img):
    (b, g, r) = cv2.split(img)  # 拆分通道

    bH = cv2.equalizeHist(b)  # 对每个通道单独做直方图均衡化
    gH = cv2.equalizeHist(g)
    rH = cv2.equalizeHist(r)

    result = cv2.merge((bH, gH, rH))  # 合并每一个通道
    return result


# 读取图像
img1 = cv2.imread('../data/7.jpg')
img2 = cv2.imread('../data/6.jpg')


# 直方图均衡化
result1 = EqualizeHist(img1)
result2 = EqualizeHist(img2)

gray1 = cv2.cvtColor(result1, cv2.COLOR_BGR2GRAY)
gray2 = cv2.cvtColor(result2, cv2.COLOR_BGR2GRAY)


# 显示效果和灰度直方图
plt.figure(figsize=(10,6.5))
plt.subplot(2, 2, 1)
```

```
plt.imshow(cv2.cvtColor(result1, cv2.COLOR_BGR2RGB))
plt.axis('off')

plt.subplot(2, 2, 2)
plt.hist(gray1.ravel(), 256, [0, 256])
plt.ylabel('像素数（个）')
plt.xlabel('像素值')

plt.subplot(2, 2, 3)
plt.imshow(cv2.cvtColor(result2, cv2.COLOR_BGR2RGB))
plt.axis('off')

plt.subplot(2, 2, 4)
plt.hist(gray2.ravel(), 256, [0, 256])
plt.ylabel('像素数（个）')
plt.xlabel('像素值')

plt.show()
```

代码详见：./code/2.4 图像增强.py。

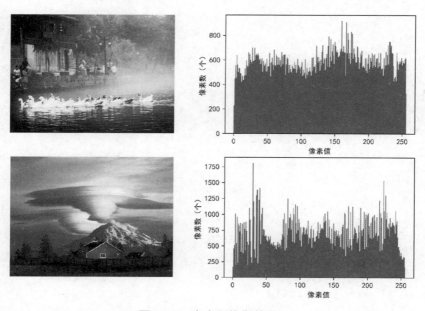

图 2-37　直方图均衡效果

2.4.2　图像平滑

图像平滑是一种区域增强的算法，主要目的是通过减少图像中的高频噪声来改善图像的质量。能够减少甚至消除噪声并保持高频边缘信息是图像平滑算法追求的目标。

1．均值滤波

大部分噪声可以视为随机信号，对图像的影响可以看成孤立的。如果某一像素与周围像素相比有明显的不同，即可认为该点被噪声感染。基于噪声的孤立性，可以用邻域平均的方法判断每一点是否为噪声，并用适当的方法消除发现的噪声。假设原图像为 $f(x,y)$，经过 S 邻域的均值滤波后的图像为 $g(x,y)$，那么均值滤波如式（2-16）所示。

$$g(x,y)=\frac{1}{M}\sum_{(x,y)\in S}f(x,y) \tag{2-16}$$

在式（2-16）中，M 为 S 邻域中的像素数量，可知均值滤波是以图像的模糊为代价换取噪声的降低，邻域越大，降噪效果越好，同时图像模糊程度也越大。

在 OpenCV 中，通过 cv2.blur 函数进行均值滤波，其基本使用格式如下。

```
cv2.blur(src, ksize[, dst[, anchor[, borderType]]])
```

cv2.blur 函数的参数说明如表 2-11 所示。

表 2-11　cv2.blur 函数的参数说明

参数名称	说明
src	接收 array。表示输入的图像。无默认值
ksize	接收 tuple。表示核的大小。无默认值
dst	接收 array。表示输出的图像。无默认值
anchor	接收 tuple。表示锚点位置。默认为(-1,-1)
borderType	接收边界模式。表示推断图像外部像素的方法，默认为 cv2.BORDER_DEFAULT

使用 cv2.blur 函数实现均值滤波，如代码 2-18 所示，得到的效果如图 2-38 所示，其中图 2-38（a）所示为原图、图 2-38（b）所示为均值滤波后的图像。

代码 2-18　使用 cv2.blur 函数实现均值滤波

```
img = cv2.imread('../data/man_1.png')  # 读取图像数据

img_mean = cv2.blur(img, (5, 5))  # 均值滤波

cv2.imwrite('../tmp/meanFiltering.jpg', img_mean)  # 保存图像
```

代码详见：./code/2.4　图像增强.py。

（a）原图　　　　　　　　　　　　（b）均值滤波后的图像

图 2-38　均值滤波效果

2．中值滤波

由图 2-38 可知，均值滤波虽然能够消除噪声，但是平滑操作也使图像中的边界变得模糊。如果希望在滤除噪声的同时还能保留边缘信息，那么均值滤波便难以满足要求，而中值滤波则能够较好地解决该问题。

中值滤波是统计排序滤波器的一种。中值滤波采用像素周围某邻域内像素的中间值进行替换。尽管中值滤波也是对中心像素的邻域进行处理，但并非通过加权平均的方式，因此其处理方式不能用线性表达式表示。由于图像中的噪声几乎都是邻域像素的极值，因此通过中值滤波可以有效地过滤噪声，同时保留图像边缘信息。

在 OpenCV 中，通过 cv2.medianBlur 函数进行中值滤波，其基本使用格式如下。

```
cv2.medianBlur(src, ksize[, dst])
```

cv2.medianBlur 函数的参数说明如表 2-12 所示。

表 2-12　cv2.medianBlur 函数的参数说明

参数名称	说明
src	接收 array。表示输入的图像。无默认值
ksize	接收 int。表示核的大小。无默认值
dst	接收 array。表示输出的图像。无默认值

使用 cv2.medianBlur 函数实现中值滤波，如代码 2-19 所示，得到的效果如图 2-39 所示，其中图 2-39（a）所示为原图、图 2-39（b）所示为中值滤波后的图像。

代码 2-19　用 cv2.medianBlur 函数实现中值滤波

```
img_median = cv2.medianBlur(img, 3)   # 进行中值滤波
cv2.imwrite('../tmp/image.jpg', img_median)   # 保存图像
```

代码详见：./code/2.4　图像增强.py。

（a）原图　　　　　　　　　　　　（b）中值滤波后的图像

图 2-39　中值滤波效果

3. 低通滤波

从信号频谱角度来看，信号的缓慢变化部分在频率域属于低频部分，而信号的迅速变化部分在频率域是高频部分。通常，图像的边缘以及噪声干扰的频率分量处于频率域较高的部分，因此可以采用低通滤波的方法来去除噪声。

低通滤波流程如图 2-40 所示。首先对原图像 $f(x,y)$ 进行快速傅里叶变换（FFT）得到频域信号 $F(u,v)$，然后经过响应函数 $H(u,v)$ 过滤高频信号，得到频域平滑后的 $G(u,v)$，最后经过快速傅里叶逆变换（IFFT）得到平滑后的图像 $g(x,y)$。

```
o──f(x,y)──▶│ FFT │──F(u,v)──▶│ H(u,v) │──G(u,v)──▶│ IFFT │──g(x,y)──▶o
```

图 2-40　低通滤波流程

一个理想低通滤波器的系统函数如式（2-17）所示。

$$H(u,v)=\begin{cases}1, & F(u,v)\leqslant D_0 \\ 0, & F(u,v)>D_0\end{cases} \qquad （2\text{-}17）$$

D_0 是理想低通滤波器的截止频率，式（2-17）表示大于 D_0 的高频分量将被过滤，而小于等于 D_0 的低频分量将会保留，从而实现低通滤波。

在 OpenCV 中，通过 cv2.dft 函数进行快速傅里叶变换，其基本使用格式如下。

```
cv2.dft(src[, dst[, flags[, nonzeroRows]]])
```

cv2.dft 函数的参数说明如表 2-13 所示。

表 2-13　cv2.dft 函数的参数说明

参数名称	说明
src	接收 array。表示输入的图像。无默认值
dst	接收 array。表示输出的图像。无默认值

续表

参数名称	说明
flags	接收方法。表示转换的标识符。默认为 0
nonzeroRows	接收 int。表示如果该值设为非零，则作为非零行的有效区间长度。默认为 0

在 OpenCV 中，通过 cv2.idft 函数进行快速傅里叶逆变换，其基本使用格式如下。

```
cv2.idft(src[, dst[, flags[, nonzeroRows]]])
```

cv2.idft 函数的参数说明与 cv2.dft 函数的参数说明类似，因此不做过多描述。

实现低通滤波如代码 2-20 所示，得到的效果如图 2-41 所示，其中图 2-41（a）所示为原图、图 2-41（b）所示为低通滤波后的图像。

代码 2-20　实现低通滤波

```
MASK_SIZE = 40  # 定义掩膜大小
img_src = cv2.imread('../data/man_1.png',0)  # 读取图像


# 掩膜图像建立
shape = img_src.shape
rows, cols = shape[0], shape[1]  # 获取图像行数与列数
cx, cy = int(shape[0]/2), int(shape[1]/2)  # 获取图像中心点坐标
mask = np.zeros((rows, cols, 2), np.uint8)  # 创建掩膜
# 在掩膜中心区域的值设置为1
mask[cx - MASK_SIZE : cx + MASK_SIZE, cy - MASK_SIZE : cy + MASK_SIZE] = 1


# 快速傅里叶变换
img_float = np.float32(img_src)  # 将图像数据转成 float 型
dft = cv2.dft(img_float, flags=cv2.DFT_COMPLEX_OUTPUT)  # 进行快速傅里叶变换
dft_shift = np.fft.fftshift(dft)  # 将图像中的低频部分移动到图像的中心


# 掩膜处理，频域图获取
mask_shift = dft_shift * mask  # 与掩膜融合


# 快速傅里叶逆变换
inverse_shift = np.fft.ifftshift(mask_shift)  # 将图像中的低频部分移动到图像的中心
img_inverse = cv2.idft(inverse_shift)  # 快速傅里叶逆变换
# 将 sqrt(x^2 + y^2)计算矩阵维度的平方根
img_inverse = cv2.magnitude(img_inverse[:,:,0], img_inverse[:,:,1])
```

```
plt.subplot(121)
plt.imshow(img_src, cmap='gray')  # 显示滤波后的图像
plt.axis('off')  # 去除坐标轴
plt.subplot(122)
plt.imshow(img_inverse, cmap='gray')  # 显示滤波后的图像
plt.axis('off')  # 去除坐标轴
plt.savefig('../tmp/img_inverse.jpg')  # 保存图像
plt.show()
```

代码详见：./code/2.4　图像增强.py。

（a）原图　　　　　　　　　　　（b）低通滤波后的图像

图 2-41　低通滤波效果

2.4.3　图像锐化

在图像的判读或识别中常需要突出边缘和轮廓信息，而图像锐化处理的目的是加强图像中景物的边缘和轮廓，使模糊图像变得更清晰。图像模糊可能是图像受到平均或积分运算，因此对图像采用逆运算。例如，对连续图像进行微分或对离散图像进行差分运算，即可使模糊图像的质量得到改善。从频率域角度看，图像模糊是因为高频分量受到衰减，所以采用合适的高通滤波器可以使图像的清晰度增加。

1. 梯度锐化

梯度的方向是二元连续函数 $f(x,y)$ 于某坐标点 (x,y) 处的最大变化方向，幅度是梯度最大变化率方向上的单位距离所变化的量。梯度的定义如式（2-18）所示。

$$\nabla f = \begin{bmatrix} G_x \\ G_y \end{bmatrix} = \begin{bmatrix} \dfrac{\partial f}{\partial x} \\ \dfrac{\partial f}{\partial y} \end{bmatrix} \tag{2-18}$$

G_x 为函数在 x 方向上的一阶偏导，G_y 为函数在 y 方向上的一阶偏导。∇f 是二维线

性矢量，指向图像的变化率最大方向，该矢量的大小 $|\nabla f|$ 和方向 φ 如式（2-19）、式（2-20）所示。

$$|\nabla f| = \left(G_x^2 + G_y^2 \right)^{\frac{1}{2}} \approx |G_x| + |G_y| \qquad （2\text{-}19）$$

$$\varphi = \arctan\left(\frac{G_y}{G_x} \right) \qquad （2\text{-}20）$$

由于数字图像无法采用微分运算，所以一般采用差分运算形式，常用的是罗伯特（Robert）提出的交叉差分运算。将数字图像 $f(i, j)$ 代入式（2-19），如式（2-21）所示。

$$|\nabla f| = |f(i, j) - f(i+1, j+1)| + |f(i+1, j) - f(i, j+1)| \qquad （2\text{-}21）$$

由式（2-21）可知，罗伯特算子模板如式（2-22）所示。

$$w_1 = \begin{bmatrix} 1 & 0 \\ 0 & -1 \end{bmatrix}$$
$$w_2 = \begin{bmatrix} 0 & 1 \\ -1 & 0 \end{bmatrix} \qquad （2\text{-}22）$$

实现梯度锐化如代码 2-21 所示，得到的效果如图 2-42 所示，其中图 2-42（a）所示为原图、图 2-42（b）所示为梯度锐化后的图像。

代码 2-21　实现梯度锐化

```python
# 定义 Robert 函数
def Robert(img):

    h, w, _ = img.shape  # 获取图像宽高

    rob = [[1, 0], [0, -1]]  # 定义罗伯特算子

    for x in range(h):

        for y in range(w):

            if (y + 2 <= w) and (x + 2 <= h):  # 判断罗伯特算子是否在图像内部

                imgChild = img[x : x+2, y : y+2, 1]  # 获取需要运算的区域

                list_robert = rob * imgChild  # 进行对应元素相乘

                img[x, y] = abs(list_robert.sum())  # 求和加绝对值

    return img


image = cv2.imread('../data/man.png')
img_robert = Robert(image)


cv2.imwrite('../tmp/img_robert.jpg', img_robert)  # 保存图像
```

代码详见：./code/2.4　图像增强.py。

（a）原图　　　　　　　　（b）梯度锐化后的图像

图 2-42　梯度锐化效果

2. 拉普拉斯锐化

拉普拉斯算子是具有各向同性的二阶微分算子。对于一个连续的二元函数 $f(x,y)$，其拉普拉斯运算定义如式（2-23）所示。

$$\nabla^2 f = \frac{\partial^2 f}{\partial x^2} + \frac{\partial^2 f}{\partial y^2} \tag{2-23}$$

对于数字图像 $f(i,j)$，可以通过差分的运算形式作为二阶微分的近似，那么连续空间的二阶微分在离散空间的表示如式（2-24）所示。

$$\frac{\partial^2 f}{\partial x^2} = f(i+1,j) + f(i-1,j) - 2 \cdot f(i,j)$$
$$\frac{\partial^2 f}{\partial y^2} = f(i,j+1) + f(i,j-1) - 2 \cdot f(i,j) \tag{2-24}$$

由式（2-24）和式（2-23）可得到拉普拉斯算子的表达式如式（2-25）所示。

$$\nabla^2 f = f(i+1,j) + f(i,j+1) + f(i-1,j) + f(i,j-1) - 4 \cdot f(i,j) \tag{2-25}$$

由式（2-25）可知，拉普拉斯算子的模板如式（2-26）所示。

$$\boldsymbol{w}_1 = \begin{bmatrix} 0 & 1 & 0 \\ 1 & -4 & 1 \\ 0 & 1 & 0 \end{bmatrix}$$
$$\boldsymbol{w}_2 = \begin{bmatrix} 0 & -1 & 0 \\ -1 & 4 & -1 \\ 0 & -1 & 0 \end{bmatrix} \tag{2-26}$$

实现拉普拉斯锐化如代码 2-22 所示，得到的效果如图 2-43 所示，其中图 2-43（a）所示为原图、图 2-43（b）所示为拉普拉斯锐化后的图像。

代码 2-22　实现拉普拉斯锐化

```
# 定义拉普拉斯函数
def Lap(img):
    h, w, _ = img.shape  # 获取图像宽高
```

```
    lap = [[0, 1, 0], [1, -4, 1], [0, 1, 0]]  # 定义拉普拉斯算子
    for x in range(h):
        for y in range(w):
            if (y + 3 <= w) and (x + 3 <= h):  # 判断拉普拉斯算子是否在图像内部
                imgChild = img[x : x+3, y : y+3, 1]  # 获取需要运算的区域
                list_lap = lap * imgChild  # 进行对应元素相乘
                img[x, y] = abs(list_lap.sum())  # 求和加绝对值
    return img


image = cv2.imread('../data/man.png')
img_Lap = Lap(image)

cv2.imwrite('../tmp/img_Lap.jpg', img_Lap)  # 保存图像
```

代码详见：./code/2.4　图像增强.py。

（a）原图　　　　　　　　　　　　　　　（b）拉普拉斯锐化后的图像

图 2-43　拉普拉斯锐化效果

3．高通滤波

和低通滤波器相反，高通滤波器允许高频分量通过而不允许低频分量通过。通过高通滤波器的高频分量体现的是图像中的灰度值变化比较大的物体的边缘轮廓，因此高通滤波增强的是图像的边缘，对图像有锐化的作用。实现高通滤波的流程可以参考图 2-40 所示的流程。

二维理想高通滤波器的传递函数如式（2-27）所示。

$$H(u,v) = \begin{cases} 1, & F(u,v) > D_0 \\ 0, & F(u,v) \leqslant D_0 \end{cases} \qquad (2\text{-}27)$$

D_0 是理想高通滤波器的截止频率，式（2-27）表示大于 D_0 的高频分量通过，小于等于 D_0 的低频分量被过滤，从而实现高通滤波。

实现高通滤波如代码 2-23 所示，得到的效果如图 2-44 所示，其中图 2-44（a）所示为原图、图 2-44（b）所示为高通滤波后的图像。

代码 2-23　实现高通滤波

```python
MASK_SIZE = 40  # 定义掩膜大小
img_src = cv2.imread('../data/man.png', 0)  # 读取图像


# 掩膜图像建立
rows, cols = img_src.shape  # 获取图像行数和列数
cx, cy = int(rows/2), int(cols/2)  # 获取图像中心点坐标
mask = np.zeros((rows, cols, 2), np.float32)  # 创建掩膜
for i in range(0, rows):
        for j in range(0, cols):
            # 计算(i,j)到中心点的距离
            d = math.sqrt(pow(i - cx, 2) + pow(j - cy, 2))
            try:
                # 计算掩膜中的值
                mask[i, j, 0] = mask[i, j, 1] = 1 / (1 + pow(50 / d, 2 * 1))
            except ZeroDivisionError:
                mask[i, j, 0] = mask[i, j, 1] = 0


# 快速傅里叶变换
img_float = np.array(img_src, dtype=float)  # 将图像数据转成 float 型
dft = cv2.dft(img_float, flags=cv2.DFT_COMPLEX_OUTPUT)  # 进行快速傅里叶变换
dft_shift = np.fft.fftshift(dft)  # 将图像中的低频部分移动到图像的中心


# 掩膜处理，频域图获取
mask_shift = dft_shift * mask  # 与掩膜融合


# 快速傅里叶逆变换
inverse_shift = np.fft.ifftshift(mask_shift)  # 将图像中的低频部分移动到图像的中心
img_inverse = cv2.idft(inverse_shift)  # 快速傅里叶逆变换
# 计算矩阵维度的平方根
```

```
img_inverse = cv2.magnitude(img_inverse[:, :, 0], img_inverse[:, :, 1])

plt.subplot(121)
plt.imshow(img_src, cmap='gray')   # 显示滤波前的图像
plt.axis('off')   # 去除坐标轴
plt.subplot(122)
plt.imshow(img_inverse, cmap='gray')   # 显示滤波后的图像
plt.axis('off')   # 去除坐标轴
plt.savefig('../tmp/img_inverse.jpg')   # 保存图像
plt.show()
```

代码详见：./code/2.4　图像增强.py。

（a）原图　　　　　　　　　　　　　　（b）高通滤波后的图像

图 2-44　高通滤波效果

小结

　　本章主要介绍了深度学习视觉算法的图像预处理所需要的理论基础和方法。首先介绍了通过 OpenCV 库对图像进行读写操作和图像不同颜色空间的区别。然后介绍了深度学习视觉算法图像数据集预处理常用的图像几何变换方法和图像增强方法，其目的在于通过颜色空间变换、几何变换、图像增强让数据集呈现出更加具有多样性、突出性的特征，便于提高深度学习模型的鲁棒性和增强泛化能力，降低过拟合风险。

课后习题

1. 选择题

（1）颜色丰富的图像是（　　　）。

A. 二值图像　　　B. 灰度图像　　　C. RGB 图像　　　　　D. 黑白图像

（2）一幅图像的快速傅里叶变换频谱是（　　　）。

A. 一幅二值图像　　　　　　　　B. 一幅灰度图像

C. 一幅复数图像　　　　　　　　D. 一幅彩色图像

（3）下列颜色空间中，对应于圆柱坐标系中的一个圆锥形子集的是（　　　）。

A. RGB　　　　　　B. HSV　　　　　C. YUV　　　　　D. HSL

（4）应用在图像变形等变换的是图像的（　　　）运算。

A. 点运算　　　　B. 代数运算　　　C. 几何运算　　　　D. 灰度运算

（5）中值滤波器可以（　　　）。

A. 消除孤立噪声　　　　　　　　B. 检测出边缘

C. 平滑孤立噪声　　　　　　　　D. 模糊图像细节

（6）下列算法属于图像锐化处理的是（　　　）。

A. 低通滤波　　　B. 加权平均法　　C. 高通滤波　　　　D. 中值滤波

（7）下列算法属于局部处理的是（　　　）。

A. 灰度线性变换　　　　　　　　B. 二值化

C. 图像旋转　　　　　　　　　　D. 中值滤波

（8）对单幅图像进行处理，改变像素空间位置，这是（　　　）。

A. 点运算　　　　　　　　　　　B. 代数运算

C. 几何运算　　　　　　　　　　D. 灰度运算

（9）从增强作用域出发，图像增强的两种方法分别为（　　　）。

A. 亮度增强　　　　　　　　　　B. 对比度增强

C. 空间域增强　　　　　　　　　D. 频率域增强

（10）拉普拉斯算子（　　　）。

A. 是一阶微分算子　　　　　　　B. 是二阶微分算子

C. 包括一个模板　　　　　　　　D. 包括两个模板

2. 填空题

（1）低通滤波法使_____受到抑制而让_____顺利通过，从而实现图像平滑。

（2）用最近邻插值法和双线性插值法将图像放大 1.5 倍，这是一种_____运算。

（3）对于_____噪声，中值滤波效果比均值滤波效果好。

（4）对于彩色图像，通常用以区别颜色特性的是_____、_____、_____。

3．操作题

（1）读取图像"15_noise.png"，转化为灰度图，并显示图像。

（2）去除图像"15_noise.png"中的椒盐噪声，并将图像旋转 30° 显示。

（3）用双线性插值法将图像"15.png"放大 1.2 倍后，对图像进行梯度锐化。

第 ❸ 章 深度学习视觉基础任务

在 2012 年的 ImageNet 国际计算机视觉挑战赛中,基于深度卷积神经网络的 AlexNet 成功夺冠,表明深度学习技术在计算机视觉领域的应用中有着巨大潜力。随着近年来深度学习技术的不断发展,计算机视觉领域取得了众多颠覆性成果,而这些成果的取得大多离不开卷积神经网络这一网络类型。本章将介绍深度神经网络和卷积神经网络的基本工作原理和构成,并针对深度学习视觉领域的基础任务(图像分类、目标检测、图像分割、图像生成)进行说明和代码实现。

学习目标

(1)了解深度神经网络和卷积神经网络的基本结构和原理。
(2)掌握经典的基于深度学习的图像分类的实现方法。
(3)掌握经典的基于深度学习的目标检测的实现方法。
(4)掌握经典的基于深度学习的图像分割的实现方法。
(5)掌握经典的基于深度学习的图像生成的实现方法。

3.1 深度神经网络

深度学习通过深度神经网络实现,"深度"代表神经网络层数更多,结构更复杂。深度神经网络一般由输入层、若干个隐藏层、输出层构成,其中,输入层作为神经网络输入张量的载体,输出层作为神经网络输出张量的载体,每个隐藏层由若干个神经元组成。深度神经网络基本结构如图 3-1 所示。

在图 3-1 中,第 1 层为输入层,输

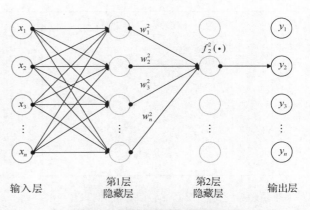

图 3-1　深度神经网络基本结构

深度学习与计算机视觉实战

入数据 $[x_1, x_2, \cdots, x_n]$ 为 n 维张量。第 2 层至第 3 层为中间隐藏层，浅色空心圈代表隐藏层的神经元，其中 $[w_1^2, w_2^2, \cdots, w_n^2]$ 表示第 1 层隐藏层对应下一隐藏层第 2 个神经元的线性变换权重；$f_n^k(\bullet)$ 表示第 k 层隐藏层的第 n 个神经元的非线性变换映射，如 $f_2^2(\bullet)$ 表示第 2 层隐藏层的第 2 个神经元的非线性变换映射。第 4 层为输出层，输出数据 $[y_1, y_2, \cdots, y_n]$ 为 n 维张量。箭头代表各层之间的连接方式，通常情况下是相邻两层之间互相连接且同一层内的神经元不能互相连接。深度神经网络正是通过构建出参数可变的多层线性、非线性变换的数学模型，从而实现无限逼近函数。

神经元作为深度神经网络的基本组成单元，是实现输入张量与输出张量之间映射关系的基本处理单元，在 20 世纪 50 年代由罗伯森布拉特受生物神经网络概念的启发而提出，也被命名为感知器。神经元结构如图 3-2 所示。在图 3-2 中，输入数据 $[x_1, x_2, \cdots, x_n]$ 为 n 维张量，$[w_1, w_2, \cdots, w_n]$ 为神经元连接权重 n 维张量，w_0 为神经元偏置项，$f(\Sigma)$ 为使用神经元激活函数对输出结果 Σ 进行激活。

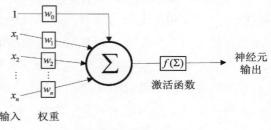

图 3-2 神经元结构

神经元的数学模型可表示为如式（3-1）所示。

$$\text{Output} = f(\sum_{i=1}^{n} w_i x_i + w_0) \tag{3-1}$$

其中 $\sum_{i=1}^{n} w_i x_i + w_0$ 为线性变换，并且可选择激活函数 $f(\bullet)$ 的类型实现线性变换或非线性变换。激活函数表示一种映射关系，因此使用不同激活函数的神经元组成的神经网络理论上能够拟合任何函数。典型激活函数如图 3-3 所示，典型线性激活函数如 ReLU 函数[见图 3-3（a）] 和阶跃函数[见图 3-3（b）]，典型非线性激活函数如 Sigmoid 函数[见图 3-3（c）] 和 Tanh 函数[见图 3-3（d）]。

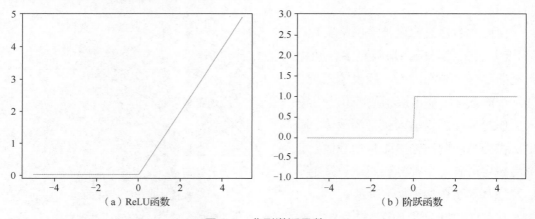

（a）ReLU函数　　　　　　　　　　（b）阶跃函数

图 3-3 典型激活函数

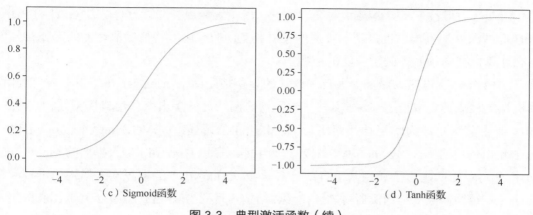

（c）Sigmoid函数　　　　　　　　　（d）Tanh函数

图 3-3　典型激活函数（续）

3.2　卷积神经网络

卷积神经网络可以认为是一种特征提取的工具，该网络通过模仿人类视觉皮层的感知神经元的结构，将卷积层一层一层地连接，层与层之间采取池化操作。池化的作用是对特征进行下采样以降低模型的复杂度。为了提升模型的非线性拟合能力，池化后的特征值通过激活函数后再次连接卷积层。每一层有多种滤波器，并且权值共享，即单个滤波器的参数被整张图共享，不会因为图像内位置的不同而改变滤波器内的权系数。滤波器可以看成一个矩阵，并与图像中的每一层做卷积运算，在进行卷积运算前，需要对矩阵初始化。通过网络训练学习到合理的权值，滤波器的权值共享降低了网络连接的复杂度和过拟合的风险。而不同层的滤波器负责观测不同的图像特征，如低层的滤波器观测图像边缘特征，高层的滤波器观测图像的结构和语义特征。

卷积神经网络最早被应用于邮政系统的手写数字识别，目的是通过机器识别信件的邮政编码以降低人力工作成本。此后，卷积神经网络便没有较大的研究进展，主要受限于硬件水平和计算能力。手写数字图像如图 3-4 所示。

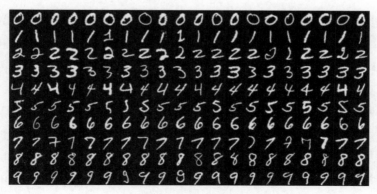

图 3-4　手写数字图像

近年来，得益于半导体技术的突飞猛进，依赖于大规模并行计算芯片 GPU、FPGA、TPU 等的深度学习技术也得到了飞速的发展，使得拥有优秀特征提取性能的卷积神经网络在计算机视觉领域得到了广泛的应用。

2012 年，克里热夫斯基等人自主设计的卷积神经网络 AlexNet 在 ImageNet 国际计算机视觉挑战赛中取得了冠军。如今，卷积神经网络已发展出众多经典模型结构。例如，2014 年由英国牛津大学视觉几何组与 DeepMind 公司提出的 VGGNet 和 GoogLeNet；2015 年由何恺明等人提出的 ResNet；2017 年由霍华德（Howard）等人提出的 MobileNet；2018 年谷歌团队提出了通过基于自动机器学习（AutoML）的神经网络架构搜索技术在 Inception 结构基础上利用机器自动优化参数结构实现的 NasNet；2019 年谷歌团队提出了同样基于 AutoML 的神经网络架构搜索技术实现的 EfficientNet。

卷积神经网络可以学习图像局部特征，对图像来说，学习的内容就是在输入图像的二维小窗口中发现的特征，如图 3-5 所示。通过卷积神经网络学到的特征具有平移不变性，即当网络学到某个局部特征之后，可在图像的任意位置识别该特征。对全连接网络来说，如果特征出现在新的位置，全连接网络只能重新学习该特征。平移不变性使得卷积神经网络在处理图像时可以高效利用数据，只需要较少的训练样本即可使得网络更具泛化能力，因为在视觉世界中物体本身就存在平移不变性，即物体不随位置的变化发生改变。

图 3-5　图像局部特征

同时，卷积神经网络可以学习视觉空间层次结构，如图 3-6 所示。第一个卷积层将学习较小的局部模式（比如边缘），第二个卷积层将学习由第一层特征组成的更大的特征，并以此类推，最终得到图片的分类为"猫"。由于现实世界具有空间层次结构，卷积神经网络因此可以有效地学习越来越复杂、越来越抽象的视觉概念。

卷积神经网络的基本结构如图 3-7 所示。卷积神经网络由若干个卷积层、池化层和全连接层构成。相对于参数复杂的全连接的神经网络，卷积神经网络参数比较少，因此网络的训练变得容易。卷积神经网络的卷积层中每个神经元与上一层局部相连，很大程度上减少了参数个数。同一层的连接权值共享，又减少了参数个数。池化层的下采样操作在进一步减少参数个数的同时实现了图像平移不变性，并提高了模型的鲁棒性。

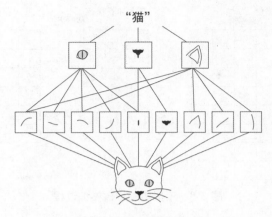

图 3-6　视觉空间层次结构

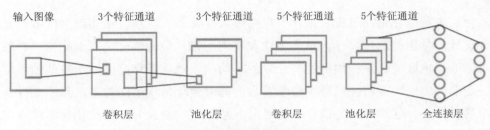

图 3-7　卷积神经网络基本结构

3.2.1　卷积层

卷积层实现卷积是通过该卷积层中一定数量的卷积核在输入图像或特征图上滑动计算完成的，在滑动过程中卷积核权值与被圈住的元素值会进行点乘操作，从而得到该卷积层新的特征图像素值。其中卷积核的数量决定卷积层输出特征图通道数，卷积核大小决定卷积层输出特征图的感受野，常见的卷积核大小为[3,3]、[5,5]。假设使用大小为[m,n]的卷积核 K 对一幅大小为[h,w]的二维图像 I 进行卷积操作，卷积得到的结果可表示为如式（3-2）所示。

$$S(h,w) = (I \cdot K)(h,w) = \sum_m \sum_n I(m,n) K(h-m,w-n) \qquad （3-2）$$

其中 $S(h,w)$ 表示卷积核 K 对一幅大小为[h,w]的二维图像 I 进行卷积操作后得到的图像。根据卷积运算的交换性原则，可将式（3-2）等价写为如式（3-3）所示。

$$S(h,w) = (K \cdot I)(h,w) = \sum_m \sum_n I(h-m,w-n) K(m,n) \qquad （3-3）$$

使用大小为[3,3]的索贝尔（Sobel）滤波器作为卷积核，对大小为[8,8]的单通道图像进行卷积操作，得到的输出图像大小为[6,6]，卷积操作过程如图 3-8 所示。通常情况下，为了使输入图像和输出图像大小一致，会在进行卷积操作之前，对输入图像进行填充（padding）操作，padding 操作会对输入图像的边界进行补零，得到一个[10,10]的图像，经过[3,3]的卷积操作之后，便可得到[8,8]的输出图像。

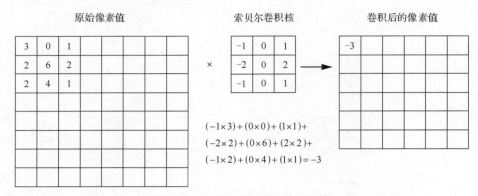

$$(-1×3)+(0×0)+(1×1)+$$
$$(-2×2)+(0×6)+(2×2)+$$
$$(-1×2)+(0×4)+(1×1)=-3$$

图 3-8　索贝尔卷积核卷积过程

3.2.2　池化层

池化层实现池化是通过设置池化窗口在输入特征图上滑动，来实现对区域内元素值的聚合统计。常用的池化操作为最大池化和平均池化，最大池化选取池化窗口内的最大值，平均池化选取池化窗口内的所有元素的平均值。池化操作能够减小特征图尺寸、实现特征压缩、提取主要特征、减少模型参数。同时池化体现了图像的平移不变性，提高了模型的鲁棒性，且能抑制过拟合。使用大小为[2,2]、步长为 2 的池化核对输入图像进行最大池化操作，如图 3-9 所示。

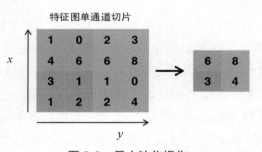

图 3-9　最大池化操作

3.2.3　全连接层

在深度学习网络中，全连接层通常位于池化层的后面，全连接层的每个神经元都能够连接到前一层输出的所有特征，然后将特征映射到目标空间中。全连接层通常作为分类器使用，由若干个神经元（见图 3-2）组成，式（3-1）为每个神经元处理数据的数学模型。假设某全连接层由 k 个神经元组成，则该全连接层的数学模型可表示为式（3-4）。

$$\text{Output}=[\text{Output}_0,\text{Output}_1,\cdots,\text{Output}_{k-1}]$$
$$=[f(\sum_{i=1}^{n}w_i^0 x_i+w_0^0),f(\sum_{i=1}^{n}w_i^1 x_i+w_0^1),\cdots,f(\sum_{i=1}^{n}w_i^{k-1} x_i+w_0^{k-1})] \quad（3-4）$$

全连接层的结构如图 3-10 所示。

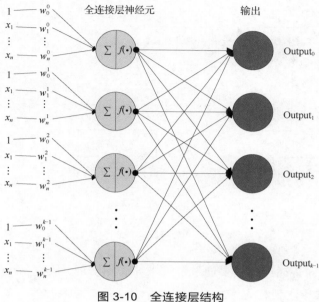

图 3-10　全连接层结构

每个神经元在训练过程中迭代更新参数，使得每个神经元的输出针对不同的分类进行不同的响应，从而根据不同神经元的输出结果实现分类目的。

综上，卷积神经网络中卷积层的作用是获取特征，池化层的作用是压缩特征，全连接层的作用是将特征进行分类。

3.2.4　卷积神经网络训练过程

卷积神经网络将张量 x 输入网络中，并由输入层开始逐层传播至输出层，最终产生输出张量 y，这一过程被称为正向传播。当卷积神经网络的输出张量 y 并不是理想结果 y_{target} 时，就需要对卷积神经网络各层参数进行调整，使得下一次正向传播中给定同样的输入张量 x 时获得的输出张量 y 能够逐渐逼近理想结果。通过卷积神经网络输出张量 y，比较 y 与目标结果 y_{target} 得到差距 y_{loss}，根据 y_{loss} 计算各层参数的梯度。再根据梯度下降原则修正卷积神经网络的各层参数，使得每次修正参数后的神经网络在正向传播中计算得到的 y_{loss} 始终往减小的方向变化，这一过程称为神经网络的反向传播。

神经网络将输入张量 x 经过神经网络层后得到输出张量 y，使用损失函数计算输出张量 y 和目标张量 y_{target} 之间的损失，然后根据损失值在反向传播中使用优化器更新网络权重。通过反复正向传播和反向传播，不断更新网络权重，神经网络得到的输出张量 y 无限逼近目标张量 y_{target}，最终完成神经网络的学习过程。神经网络的学习过程如图 3-11 所示。

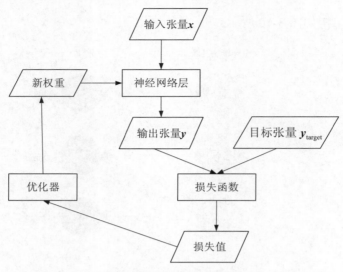

图 3-11　神经网络学习过程

神经网络的反向传播过程主要通过链式求导法则实现，假设 $y=g(x)$ 且 $z=f(g(x))=f(y)$，根据链式求导法则有式（3-5）。

$$\frac{\mathrm{d}z}{\mathrm{d}x}=\frac{\mathrm{d}z}{\mathrm{d}y}\cdot\frac{\mathrm{d}y}{\mathrm{d}x}$$ （3-5）

根据式（3-5），将标量替换为向量，假设空间 R^m 存在向量 x，空间 R^n 存在向量 y，$g(\cdot)$ 表示空间 R^m 到 R^n 的映射，$f(\cdot)$ 表示空间 R^n 到 R 的映射，如果存在 $y=g(x)$ 且 $z=f(y)$，则有式（3-6）。

$$\frac{\partial z}{\partial x_i}=\sum_j\frac{\partial z}{\partial y_j}\cdot\frac{\partial y_j}{\partial x_i}$$ （3-6）

使用向量记法，式（3-6）可等价写为式（3-7）。

$$\nabla_x z=\left(\frac{\partial z}{\partial y_j}\right)^{\mathrm{T}}\nabla_y z$$ （3-7）

在式（3-6）中，$\frac{\partial y_j}{\partial x_i}$ 是映射关系 $g(\cdot)$ 的 $n\times m$ 大小的雅可比（Jacobian）矩阵。通过式（3-7）的推导可以明确向量 x 的梯度可以通过雅可比矩阵和 y 的梯度相乘得到。

在实际的反向传播中，通过计算损失 y_{loss} 对神经网络权重参数 w 的梯度，按照梯度下降原则优化权重参数 w。例如，假设神经网络中某层的输入为 x，激活函数为 $f(x)=x$，目标输出为 y_{cell}，该层某神经元 j 的输出为 $y_{\mathrm{cell}}=\sum w_{ji}x_i+w_{j0}$，那么该神经元的损失 y_{loss} 对其权重参数 w_j 的梯度如式（3-8）所示。

$$\frac{\partial y_{\mathrm{loss}}}{\partial w_j}=\frac{\partial y_{\mathrm{loss}}}{\partial y_{\mathrm{cell}}}\cdot\frac{\partial y_{\mathrm{cell}}}{\partial w_j}=\frac{\partial y_{\mathrm{loss}}}{\partial y_{\mathrm{cell}}}\cdot x$$ （3-8）

神经元 j 的权重 w_j 的参数更新可表达如式（3-9）所示。

$$w_j^{\text{new}} = w_j + \eta \cdot \nabla_w \boldsymbol{y}_{\text{loss}} = w_j + \eta \cdot \frac{\partial \boldsymbol{y}_{\text{loss}}}{\partial \boldsymbol{y}_{\text{cell}}} \cdot \boldsymbol{x} = w_j + \eta \cdot \delta_j \cdot \boldsymbol{x} \qquad （3\text{-}9）$$

其中 δ_j 为神经元 j 的损失项。

3.3　图像分类

随着大数据的到来以及计算机计算能力的提升，深度学习席卷全球。传统的图像分类算法难以处理庞大的图像数据，也无法满足人们对图像分类精度和速度上的要求。基于卷积神经网络的图像分类算法冲破了传统图像分类算法的瓶颈，成为目前图像分类的主流算法，如何有效利用卷积神经网络来进行图像分类已经成为计算机视觉领域研究的热点。

3.3.1　图像分类简介

图像分类，即给定一幅输入图像，通过某种分类算法判断该图像所属的类别。图像分类的划分方式多种多样，划分依据不同，分类结果就不同。根据图像语义的不同可将图像分类为对象分类、场景分类、事件分类、情感分类等。图像分类流程主要包括图像预处理、图像特征描述和提取、设计分类器，如图 3-12 所示。

图 3-12　图像分类流程

预处理包括图像滤波和尺寸的归一化等操作，其目的是方便目标图像的后续处理。特征描述是指对图像中凸显其内容的特性或属性的概括性表述。特征提取是指根据图像本身的特征，按照某种既定的图像分类方式选取合适的特征并进行有效的提取。分类器就是按照所选取的特征来对目标图像进行分类的一种算法。

传统的图像分类算法性能的差异主要取决于特征提取及分类器两方面。传统的图像分类算法所采用的特征为人工选取的，常用的图像特征有形状、纹理、颜色等底层视觉特征，还有尺度不变特征变换、局部二值模式、方向梯度直方图等局部不变特征等。人工选取的特征虽然具有一定的普适性，但对不同的图像的针对性不强，并且在复杂场景的图像中，要寻找能准确描述目标图像的人工特征绝非易事。

早期的图像分类是通过对图像的文本标签进行分类的形式实现的，即先对每一幅图像进行标识和注释，再通过处理图像的标识和注释文本来实现图像分类。基于内容的图像分类出现在 20 世纪末，该图像分类算法学习图像的内容信息，即对图像特征进行提取，得到特征信息后，将特征和类别标签放入分类器中进行训练。训练完成后，可以通过训练好的分类器对没有标签的图像数据进行分类。因此基于内容的图像分类算法能够更加客观地描述图像数据。

2012 年欣顿和他的学生克里热夫斯基提出的 AlexNet 卷积网络在 ImageNet 国际计算机视觉挑战赛中以远超第二名的成绩夺得冠军头衔，让所有人看到了深度卷积神经网络在图像特征提取和图像分类方面的巨大潜力。AlexNet 的结构为 5 个卷积层、3 个最大池化层和 3 个全连接层串行连接。通过各个卷积层的运算处理，将输入图像映射到不同的特征空间中，从而获取不同的图像特征；而最大池化层则对卷积层输出的特征图进行下采样，实现特征图尺寸的压缩并获取语义特征，最后通过全连接层将下采样后的语义特征图转换为向量进行分类。AlexNet 的结构的最大特点就是将图像分类的特征提取和特征分类结合为一体，训练过程中不仅优化了特征分类过程，同时也优化了特征提取过程；不仅提高了精度，而且具备端到端的便利性。从此，深度学习所涉及的领域均呈现出爆发式的成长。基于卷积神经网络的图像分类流程如图 3-13 所示。

图 3-13　基于卷积神经网络的图像分类流程

在图像分类的领域，深度学习中的卷积神经网络可谓大有用武之地。相较于传统的图像分类算法，基于卷积神经网络的算法不再需要人工对目标图像进行特征描述和提取，而是通过神经网络自主从训练样本中学习特征，并且这些特征与分类器关系紧密，很好地解决了人工提取特征和选择分类器的难题。

3.3.2　图像分类经典算法

基于卷积神经网络的图像分类算法已经连续多年获得 ImageNet 国际计算机视觉挑战赛的榜首，其间产生了许多经典的卷积神经网络，如 VGGNet、GoogLeNet、ResNet、DenseNet 等。通过对经典卷积神经网络的学习可以了解到近年来基于深度学习的图像分类算法面临的问题以及问题的解决方案。

1．VGGNet

VGGNet 是英国牛津大学的视觉几何组在 2014 年提出的卷积神经网络模型。该模型极力诠释了隐藏层增多对预测精度的提高有帮助，训练时间和 AlexNet 相比大大缩短，并在 ImageNet 数据集中达到了 92.7% 的 "top5" 测试精度，拿下了 2014 年 ImageNet 国际计算机视觉挑战赛的亚军。ImageNet 数据集有超过 1400 万幅图像，共 1000 个类别。VGGNet 是继 AlexNet 后的一个隐藏层更多的深度卷积神经网络，根据网络权重层的层数，可以区分为 VGG16（16 个权重层）和 VGG19（19 个权重层）。常用结构是 VGG16，网络结构如图 3-14 所示。

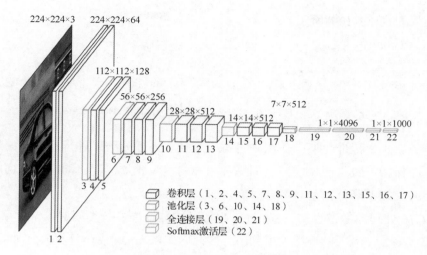

图 3-14 VGG16 网络结构

图 3-14 中的 VGG16 网络结构一共有 22 层, 包括 16 个权重层 (卷积层、全连接层), 6 个非权重层 (池化层、Softmax 激活层)。VGG16 处理图像的过程如下。

(1) 原始输入图像为 224×224×3。第 1、2 层 (卷积层) 使用 3×3 的卷积核 (滑动步长为 1) 进行卷积, 填充方式为 same (为保证卷积输出与输入的特征图大小一致, 当卷积边界不够时补 0), 输出特征图的通道数为 64, 则输出特征图的维度为 224×224×64, 再通过 ReLU 函数激活和批标准化后经过 2×2 的最大值池化层 (步长为 2), 输出尺寸为 224÷2=112, 输出通道数为 128, 即通过第 3 层 (池化层) 后输出特征图的维度为 112×112×128。

(2) 第 4、5 层 (卷积层) 使用 3×3 的卷积核 (滑动步长为 1) 进行卷积, 填充方式为 same, 输出特征图的通道数为 128, 则输出特征图的维度为 112×112×128, 再通过 ReLU 函数激活和批标准化后经过 2×2 的最大值池化层 (步长为 2), 输出尺寸为 112÷2=56, 输出通道数为 256, 即通过第 6 层 (池化层) 后输出特征图的维度为 56×56×256。

(3) 第 7、8、9 层 (卷积层) 和第 10 层 (池化层) 重复卷积和池化的操作, 输出通道数为 512, 通过第 10 层后输出特征图的维度为 28×28×512。

(4) 第 11、12、13 层 (卷积层) 和第 14 层 (池化层) 重复卷积和池化的操作, 输出通道数为 512, 通过第 14 层后输出特征图的维度为 14×14×512。

(5) 第 15、16、17 层 (卷积层) 和第 18 层 (池化层) 重复卷积和池化的操作, 输出通道数为 512, 通过第 18 层后输出特征图的维度为 7×7×512。

(6) 将维度为 7×7×512 的特征图进行 Flatten 操作 (将高维张量数据拉直成一维向量), 得到维度为 1×25088 的特征向量, 输入 3 个串联的全连接层中, 其中前两个全连接层的神经元个数为 4096, 最后一个全连接层的神经元个数为 1000, 再将全连接层输出的特征向量进行 Softmax 激活实现 1000 类的分类。

VGG16 处理图像过程中批标准化通过批标准化 (Batch Normalization, BN) 层实现,其标准化结果如式（3-10）所示。

$$\mathrm{BN}_{\gamma,\beta}(x_i) = \gamma \cdot \frac{x_i - X_{\mathrm{mean}}}{\sqrt{X_{\mathrm{std}} + \varepsilon}} + \beta \qquad （3-10）$$

其中 x_i 为集合 X 中的一个样本，X_{mean} 为集合 X 的均值，X_{std} 为集合 X 的方差，常量 ε 是防止被零除的平滑项。变量 γ,β 表示缩放和移动标准化值，$\dfrac{x_i - X_{\mathrm{mean}}}{\sqrt{X_{\mathrm{std}} + \varepsilon}}$ 在模型训练过程中不断更新。批标准化层的作用是将每一层卷积处理的结果进行标准化处理，使输出的特征分布保持一致从而加快网络训练过程中的损失收敛速度，同时防止梯度爆炸和梯度消失，并且能够降低模型过拟合风险。

在 VGG16 处理图像过程中，Softmax 激活函数是解决多分类问题的常用激活函数，该激活函数将多个神经元的输出映射到(0,1)区间内。Softmax 输出计算公式如式（3-11）所示。

$$\mathrm{Softmax}(x_i) = \frac{e^{x_i}}{\sum_j e^{x_j}} \qquad （3-11）$$

其中 x_i 为集合 X 中的一个样本，x_j 为集合 X 中的任意样本。由式（3-11）可知，Softmax 即输入向量中的元素的指数与所有元素指数和的比值。

通过 Keras 和 TensorFlow 搭建 VGG16 网络如代码 3-1 所示。

代码 3-1　通过 Keras 和 TensorFlow 搭建 VGG16 网络

```python
from tensorflow.keras.models import Sequential
from tensorflow.keras.layers import Dense, Activation, Flatten
from tensorflow.keras.layers import Conv2D, MaxPooling2D, BatchNormalization


# 构建 VGG16 网络结构
def build_model(num_classes,input_shape=(224,224,3)):


    model = Sequential()  # 定义一个 Keras 序贯模型
    # 模型中添加 3×3 卷积，输出通道数为 64
    model.add(Conv2D(64, (3, 3), padding='same',input_shape=input_shape))
    model.add(Activation('relu'))  # 添加 ReLU 激活函数
    model.add(BatchNormalization())  # 添加 BN 层


    model.add(Conv2D(64, (3, 3), padding='same'))  # 模型中添加 3×3 卷积，输
出通道数为 64
    model.add(Activation('relu'))  # 添加 ReLU 激活函数
```

```
model.add(BatchNormalization())  # 添加 BN 层

model.add(MaxPooling2D(pool_size=(2, 2)))  # 添加 2×2 最大池化层

model.add(Conv2D(128, (3, 3), padding='same'))  # 模型中添加 3×3 卷积，输
```
出通道数为 128
```
model.add(Activation('relu'))  # 添加 ReLU 激活函数
model.add(BatchNormalization())  # 添加 BN 层

model.add(Conv2D(128, (3, 3), padding='same'))  # 模型中添加 3×3 卷积，输
```
出通道数为 128
```
model.add(Activation('relu'))  # 添加 ReLU 激活函数
model.add(BatchNormalization())  # 添加 BN 层

model.add(MaxPooling2D(pool_size=(2, 2)))  # 添加 2×2 最大池化层

model.add(Conv2D(256, (3, 3), padding='same'))  # 模型中添加 3×3 卷积，输
```
出通道数为 256
```
model.add(Activation('relu'))  # 添加 ReLU 激活函数
model.add(BatchNormalization())  # 添加 BN 层

model.add(Conv2D(256, (3, 3), padding='same'))  # 模型中添加 3×3 卷积，输
```
出通道数为 256
```
model.add(Activation('relu'))  # 添加 ReLU 激活函数
model.add(BatchNormalization())  # 添加 BN 层

model.add(Conv2D(256, (3, 3), padding='same'))  # 模型中添加 3×3 卷积，输
```
出通道数为 256
```
model.add(Activation('relu'))  # 添加 ReLU 激活函数
model.add(BatchNormalization())  # 添加 BN 层

model.add(MaxPooling2D(pool_size=(2, 2)))  # 添加 2×2 最大池化层

model.add(Conv2D(512, (3, 3), padding='same'))  # 模型中添加 3×3 卷积，输
```

出通道数为 512

```python
    model.add(Activation('relu'))  # 添加 ReLU 激活函数
    model.add(BatchNormalization())  # 添加 BN 层

    model.add(Conv2D(512, (3, 3), padding='same'))  # 模型中添加 3×3 卷积，输
出通道数为 512
    model.add(Activation('relu'))  # 添加 ReLU 激活函数
    model.add(BatchNormalization())  # 添加 BN 层

    model.add(Conv2D(512, (3, 3), padding='same'))  # 模型中添加 3×3 卷积，输
出通道数为 512
    model.add(Activation('relu'))  # 添加 ReLU 激活函数
    model.add(BatchNormalization())  # 添加 BN 层

    model.add(MaxPooling2D(pool_size=(2, 2)))  # 添加 2×2 最大池化层

    model.add(Conv2D(512, (3, 3), padding='same'))  # 模型中添加 3×3 卷积，输
出通道数为 512
    model.add(Activation('relu'))  # 添加 ReLU 激活函数
    model.add(BatchNormalization())  # 添加 BN 层

    model.add(Conv2D(512, (3, 3), padding='same'))  # 模型中添加 3×3 卷积，输
出通道数为 512
    model.add(Activation('relu'))  # 添加 ReLU 激活函数
    model.add(BatchNormalization())  # 添加 BN 层

    model.add(Conv2D(512, (3, 3), padding='same'))  # 模型中添加 3×3 卷积，输
出通道数为 512
    model.add(Activation('relu'))  # 添加 ReLU 激活函数
    model.add(BatchNormalization())  # 添加 BN 层

    model.add(MaxPooling2D(pool_size=(2, 2)))  # 添加 2×2 最大池化层

    model.add(Flatten())  # 添加 Flatten 层，特征拉直
```

```
model.add(Dense(512))    # 添加全连接层，输出数为 512
model.add(Activation('relu'))    # 添加 ReLU 激活函数
model.add(BatchNormalization())    # 添加 BN 层

model.add(Dense(num_classes))    # 添加全连接层，输出数为 512
model.add(Activation('softmax'))    # 添加 Softmax 激活函数，完成分类
return model


model = build_model(1000)
model.summary()
```

代码详见：./3.3　图像分类/code/3.3.2.1　VGG 16.py。

2. GoogLeNet

VGGNet 相较于 AlexNet 泛化能力更强、网络更深、精度更高，但是依然没有解决模型参数过多的问题。2014 年由克里斯蒂安·塞盖迪等人提出的 GoogLeNet 可以在保证精度的前提下减少模型参数，并且 GoogLeNet 击败 VGGNet 获得了 2014 年 ImageNet 国际计算机视觉挑战赛的冠军。

GoogLeNet 的创新点在于它提出了将 Inception 结构作为深度神经网络的基本架构。Inception 结构采用多种不同尺寸的卷积核组成 Inception 结构的基本单元，在能更好挖掘和学习数据深层特征的同时，降低了网络计算规模，提高了训练效率。Inception 结构对输入图像并行执行多个卷积运算或池化操作，并将所有输出结果拼接为一个非常深的特征图，核心在于解决网络结构中的最佳局部稀疏化的问题。多种尺寸的卷积核构成的 Inception 基本单元替代了传统卷积神经网络中的单一卷积层，从而让网络更容易近似和表达数据的深层特征。通过合理的设计和堆叠，利用小型的 Inception 基本单元，增加网络的深度和宽度，提升网络的学习和表征能力。Inception 结构共有 4 个分支。第 1 个分支对输入图像进行 1×1 卷积，它可以跨通道组织信息，提高网络的表达能力；第 2 个分支先使用 1×1 卷积，然后连接 3×3 卷积，相当于进行了两次特征变换；第 3 个分支类似第 2 个分支，先是 1×1 的卷积，然后连接 5×5 卷积；第 4 个分支则是 3×3 最大池化后直接使用 1×1 卷积。Inception 结构如图 3-15 所示。

因为 1×1、3×3 和 5×5 等不同的卷积运算与池化操作可以获得输入图像的不同信息，并行处理这些运算然后结合所有结果将获得更好的图像特征，同时考虑到深度神经网络需要耗费大量计算资源，为了降低算力成本，在 3×3 和 5×5 卷积层之前添加额外的 1×1 卷积层限制输入通道的数量。相较于 GoogLeNet 分布前的其他网络模型，GoogLeNet 大大增加了网络深度，达到了 22 层，而参数量仅为 AlexNet 的 1/12，因此模型的计算量大大减小，但对图像分类的精度又上升到了一个新的台阶。

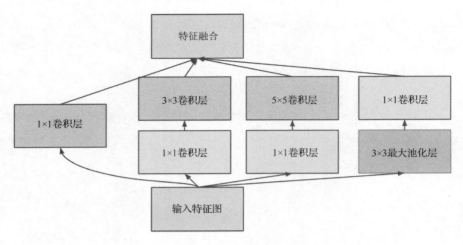

图 3-15　Inception 结构

通过 Keras 和 TensorFlow 搭建 GoogLeNet，如代码 3-2 所示。

代码 3-2　通过 Keras 和 TensorFlow 搭建 GoogLeNet

```
# 定义 Inception 结构
def inception_model(input, filters_1x1, filters_3x3_reduce, filters_3x3,
filters_5x5_reduce, filters_5x5, filters_pool_proj):
    # 1×1 卷积，使用 0 进行填充，ReLU 激活函数
    conv_1x1 = Conv2D(filters=filters_1x1, kernel_size=(1, 1), padding='same',
activation='relu')(input)


    # 3×3 卷积分支的 1×1 卷积，使用 0 进行填充，ReLU 激活函数
    conv_3x3_reduce = Conv2D(filters=filters_3x3_reduce, kernel_size=(1, 1),
padding='same', activation='relu')(input)
    # 3×3 卷积，使用 0 进行填充，ReLU 激活函数
    conv_3x3 = Conv2D(filters=filters_3x3, kernel_size=(3, 3), padding='same',
activation='relu')(conv_3x3_reduce)


    # 5×5 卷积分支的 1×1 卷积，使用 0 进行填充，ReLU 激活函数
    conv_5x5_reduce = Conv2D(filters=filters_5x5_reduce, kernel_size=(1, 1),
padding='same', activation='relu')(input)
    # 5×5 卷积，使用 0 进行填充，ReLU 激活函数
    conv_5x5 = Conv2D(filters=filters_5x5, kernel_size=(5, 5), padding='same',
                activation='relu')(conv_5x5_reduce)
```

```
    # 3×3 最大池化
    maxpool = MaxPooling2D(pool_size=(3, 3), strides=(1, 1), padding=
'same')(input)
    # 1×1 卷积，使用 0 进行填充，ReLU 激活函数
    maxpool_proj = Conv2D(filters=filters_pool_proj, kernel_size=(1, 1),
strides=(1, 1), padding='same', activation='relu')(maxpool)


    # 多路特征叠加融合
    inception_output = Concatenate(axis=3)([conv_1x1, conv_3x3, conv_5x5,
maxpool_proj])


    return inception_output


# 构建 GoogLeNet 网络模型
def build_model():
    input = Input(shape=(224, 224, 3))    # 定义网络输入

    # 7×7 卷积，输出通道数为 64，步长为 2，使用 0 进行填充，ReLU 激活函数
    conv1_7x7_s2 = Conv2D(filters=64, kernel_size=(7, 7), strides=(2, 2),
padding='same', activation='relu')(input)

    # 3×3 最大池化，步长为 2，使用 0 进行填充
    maxpool1_3x3_s2 = MaxPooling2D(pool_size=(3, 3), strides=(2, 2),
padding='same')(conv1_7x7_s2)


    # 1×1 卷积，输出通道数为 64，步长为 2，使用 0 进行填充，ReLU 激活函数
    conv2_3x3_reduce = Conv2D(filters=64, kernel_size=(1, 1), padding='same',
activation='relu')(maxpool1_3x3_s2)

    # 3×3 卷积，输出通道数为 192，使用 0 进行填充，ReLU 激活函数
    conv2_3x3 = Conv2D(filters=192, kernel_size=(3, 3), padding='same',
activation='relu')(conv2_3x3_reduce)


    # 3×3 最大池化，步长为 2，使用 0 进行填充
```

```
    maxpool2_3x3_s2 = MaxPooling2D(pool_size=(3, 3), strides=(2, 2),
padding='same')(conv2_3x3)


    # Inception 结构
    inception_3a = inception_model(input=maxpool2_3x3_s2, filters_1x1=64,
filters_3x3_reduce=96, filters_3x3=128, filters_5x5_reduce=16, filters_5x5=
32, filters_pool_proj=32)


    # Inception 结构
    inception_3b = inception_model(input=inception_3a, filters_1x1=128,
filters_3x3_reduce=128, filters_3x3=192, filters_5x5_reduce=32, filters_
5x5=96, filters_pool_proj=64)


    # 3×3 最大池化，步长为 2
    maxpool3_3x3_s2 = MaxPooling2D(pool_size=(3, 3), strides=(2, 2),
padding='same')(inception_3b)


    # Inception 结构
    inception_4a = inception_model(input=maxpool3_3x3_s2, filters_1x1=192,
filters_3x3_reduce=96, filters_3x3=208, filters_5x5_reduce=16, filters_
5x5=48, filters_pool_proj=64)


    # Inception 结构
    inception_4b = inception_model(input=inception_4a, filters_1x1=160,
filters_3x3_reduce=112, filters_3x3=224, filters_5x5_reduce=24, filters_
5x5=64, filters_pool_proj=64)


    # Inception 结构
    inception_4c = inception_model(input=inception_4b, filters_1x1=128,
filters_3x3_reduce=128, filters_3x3=256, filters_5x5_reduce=24, filters_
5x5=64, filters_pool_proj=64)


    # Inception 结构
    inception_4d = inception_model(input=inception_4c, filters_1x1=112,
```

```
filters_3x3_reduce=144, filters_3x3=288, filters_5x5_reduce=32, filters_
5x5=64, filters_pool_proj=64)


    # Inception 结构
    inception_4e = inception_model(input=inception_4d, filters_1x1=256,
filters_3x3_reduce=160, filters_3x3=320, filters_5x5_reduce=32, filters_
5x5=128, filters_pool_proj=128)


    # 3×3 最大池化, 步长为 2
    maxpool4_3x3_s2 = MaxPooling2D(pool_size=(3, 3), strides=(2, 2),
padding='same')(inception_4e)


    # Inception 结构
    inception_5a = inception_model(input=maxpool4_3x3_s2, filters_1x1=256,
filters_3x3_reduce=160, filters_3x3=320, filters_5x5_reduce=32, filters_
5x5=128, filters_pool_proj=128)


    # Inception 结构
    inception_5b = inception_model(input=inception_5a, filters_1x1=384,
filters_3x3_reduce=192, filters_3x3=384, filters_5x5_reduce=48, filters_
5x5=128, filters_pool_proj=128)


    # 7×7 平均最大池化
    averagepool1_7x7_s1 = AveragePooling2D(pool_size=(7, 7), strides=(7, 7),
padding='same')(inception_5b)


    # Flatten 层, 特征拉直
    features_flatten = Flatten()(averagepool1_7x7_s1)


    # 全连接层+Softmax 激活函数, 做最后的分类
    linear = Dense(units=1000, activation='softmax')(features_flatten)


    model = Model(inputs=input, outputs=linear)  # 定义模型
    model.summary()   # 输出模型结构
```

```
model = build_model()
```

代码详见：./3.3　图像分类/code/3.3.2.2　GoogLeNet.py。

3. ResNet

虽然 GoogLeNet 模型的层次达到了 22 层，但想更进一步加深层次却异常困难。原因在于随着模型层次的加深，会使模型严重过拟合，同时会产生梯度消失的问题，使得网络难以训练。

在 2015 年的 ImageNet 国际计算机视觉挑战赛中，微软亚洲研究院的何恺明等人提出的残差网络 ResNet 获得图像分类、图像定位和图像检测 3 个主要项目的冠军，并在同一年的微软 COCO 计算机视觉竞赛中获得图像检测和图像分割的冠军。在比赛中使用的 ResNet 网络深度高达 152 层，约是 VGG16 网络的 8 倍，约是 GoogLeNet 的 7 倍。

ResNet 网络之所以能够解决模型层数加深带来的过拟合与梯度消失问题，主要在于引入了残差（Residual）结构，如图 3-16 所示。

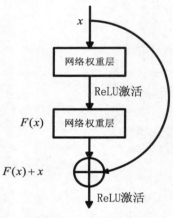

图 3-16　残差结构

残差结构实际上就是增加一个恒等映射，假设原始神经网络的一个残差单元要学习的目标映射为 $H(x)$，并且该目标映射可能很难学习。残差神经网络让残差单元不直接学习目标映射，而是学习一个残差 $F(x) = H(x) - x$，于是原始的映射变成了 $F(x) + x$。原始残差单元可以看成是由两部分构成的，一个线性的直接映射 $x \to x$ 和一个非线性映射 $F(x)$。特别地，$x \to x$ 如果是最优的学习策略，那么相当于把非线性映射 $F(x)$ 的权重参数设置为 0。恒等映射使得非线性映射 $F(x)$ 学习线性的映射 $x \to x$ 变得容易。图 3-16 中的残差单元的数学表达式如式（3-12）所示。

$$x_{i+1} = f(F(x_i, W_i) + x_i) \qquad (3\text{-}12)$$

在式（3-12）中，x_i 表示当前残差单元的输入，W_i 表示当前残差单元的权重，$F(\cdot)$ 表示残差单元的非线性映射关系，$f(\cdot)$ 表示残差单元的线性映射关系。深度残差网络通过多个残差单元叠加组成，根据网络深度不同，有 ResNet18、ResNet50、ResNet101、ResNet152 等不同的网络，较为常用的是 ResNet50。

通过 Keras 和 TensorFlow 搭建 ResNet50 网络如代码 3-3 所示。

代码 3-3　通过 Keras 和 TensorFlow 搭建 ResNet50 网络

```
def ResNet50(input_shape=(224, 224, 3),classes=1000):


    img_input = Input(input_shape)  # 定义网络输入


    x = ZeroPadding2D((3, 3))(img_input)  # 对输入进行填充操作

    x = Conv2D(64, (7, 7), strides=(2, 2), name='conv1')(x)  # 7×7卷积，输
出通道数为64，步长为2

    x = BatchNormalization()(x)  # BN层，批归一化

    x = Activation('relu')(x)  # ReLU激活函数


    x = MaxPooling2D((3, 3), strides=(2, 2), padding='sam')(x)  # 3×3最大
池化，步长为2


    x = conv_block(x, 3, [64, 64, 256], stage=2, block='a', strides=(1, 1))
                                                        # 卷积块

    x = identity_block(x, 3, [64, 64, 256], stage=2, block='b')  # 恒等变换块
    x = identity_block(x, 3, [64, 64, 256], stage=2, block='c')


    x = conv_block(x, 3, [128, 128, 512], stage=3, block='a')  # 卷积块
    x = identity_block(x, 3, [128, 128, 512], stage=3, block='b')  # 恒等变换块
    x = identity_block(x, 3, [128, 128, 512], stage=3, block='c')
    x = identity_block(x, 3, [128, 128, 512], stage=3, block='d')


    x = conv_block(x, 3, [256, 256, 1024], stage=4, block='a')  # 卷积块
    x = identity_block(x, 3, [256, 256, 1024], stage=4, block='b')  # 恒等变换块
    x = identity_block(x, 3, [256, 256, 1024], stage=4, block='c')
    x = identity_block(x, 3, [256, 256, 1024], stage=4, block='d')
    x = identity_block(x, 3, [256, 256, 1024], stage=4, block='e')
```

```
x = identity_block(x, 3, [256, 256, 1024], stage=4, block='f')


x = conv_block(x, 3, filters=[512, 512, 2048], stage=5, block='a')  # 卷积块
x = identity_block(x, 3, filters=[512, 512, 2048], stage=5, block='b')
                                                            # 恒等变换块
x = identity_block(x, 3, filters=[512, 512, 2048], stage=5, block='c')


x = AveragePooling2D(pool_size=(2, 2), padding='same')(x)  # 平均池化


x = Flatten()(x)  # 特征拉直
x = Dense(classes, activation='softmax', name='fc' + str(classes))(x)
                                        # 全连接层，Softmax 激活函数


# 创建 model
model = Model(inputs=img_input, outputs=x, name='ResNet50')  # 构建模型
model.summary()  # 输出模型结构


return model
```

代码详见：./第 3 章/3_3_2/ResNet50.py。

4．DenseNet

2017 年由黄高等人提出的 DenseNet 结构获得了 CVPR 2017 年度最佳论文奖项。DenseNet 脱离了 ResNet 加深网络层数和 Inception 结构来提升网络性能的思维定式，借鉴了 ResNet 的残差连接思路，通过前馈的方式增加每个网络层与其他网络层的密集型连接，从而加强特征传播效率。对于 DenseNet 密集卷积块中的每个卷积组节点，除了相邻前后节点之间的连接外，与该节点之前的所有节点也一一对应连接，保证了每个网络层都可以获取之前所有网络层的特征信息，DenseNet 网络结构如图 3-17 所示。

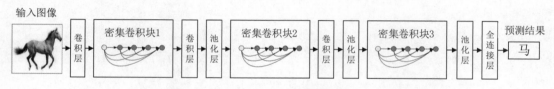

图 3-17　DenseNet 网络结构

网络中的密集卷积块由若干个卷积组合密集连接组成，如图 3-18（a）所示；单

个卷积组合由 BN 层、ReLU 激活函数、1×1 卷积和 3×3 卷积组成，如图 3-18（b）
所示。

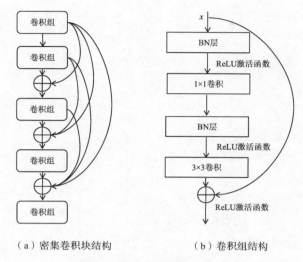

（a）密集卷积块结构　　　　　（b）卷积组结构

图 3-18　DenseBlock 结构

　　DenseNet 通过卷积层密集连接的方式可以有效抑制梯度消失的情况，同时加强了浅
层特征的权重，使得网络在不需要增加深度的前提下就能提高性能。DenseNet 根据网络
层数不同有 DenseNet121、DenseNet169、DenseNet201 这 3 种网络结构。

　　通过 Keras 和 TensorFlow 搭建 DenseNet121 网络，如代码 3-4 所示。

代码 3-4　通过 Keras 和 TensorFlow 搭建 DenseNet121 网络

```
def DenseNet(nb_dense_block=4, growth_rate=32, reduction=0.0, dropout_rate=
0.0, classes=1000):
    # 计算特征压缩比例
    compression = 1.0 - reduction
    # 定义网络输入
    img_input = Input(shape=(224, 224, 3), name='data')
    # 定义网络特征数量
    nb_filter = 64
    nb_layers = [6, 12, 24, 16]

    # 初始卷积结构部分
    # 填充层
    x = ZeroPadding2D((3, 3), name='conv1_zeropadding')(img_input)
    # 7×7 卷积，步长为 2
    x = Conv2D(nb_filter, (7, 7), strides=(2, 2), name='conv1', use_bias=
```

```
False)(x)
    # BN 层，批归一化
    x = BatchNormalization()(x)
    # ReLU 激活函数
    x = Activation('relu', name='relu1')(x)
    # 填充层
    x = ZeroPadding2D((1, 1), name='pool1_zeropadding')(x)
    # 3×3 最大池化
    x = MaxPooling2D((3, 3), strides=(2, 2), name='pool1')(x)


    # 进行多个密集卷积阶段
    for block_idx in range(nb_dense_block - 1):
        stage = block_idx + 2
        # 添加密集卷积模块
        x, nb_filter = dense_block(x, stage, nb_layers[block_idx], nb_filter,
growth_rate, dropout_rate=dropout_rate)


        # 添加密集卷积的过渡模块
        x = transition_block(x, stage, nb_filter, compression=compression,
dropout_rate=dropout_rate)
        nb_filter = int(nb_filter * compression)


    final_stage = stage + 1
    # 添加密集卷积模块
    x, nb_filter = dense_block(x, final_stage, nb_layers[-1], nb_filter,
growth_rate, dropout_rate=dropout_rate)


    # BN 层，批归一化
    x = BatchNormalization()(x)
    # ReLU 激活函数
    x = Activation('relu', name='relu' + str(final_stage) + '_blk')(x)
    # 全局池化
    x = GlobalAveragePooling2D(name='pool' + str(final_stage))(x)
    # 全连接层
```

```
x = Dense(classes, name='fc6')(x)
# Softmax 激活函数
x = Activation('softmax', name='prob')(x)


# 构建模型
model = Model(img_input, x, name='densenet')
# 输出模型结构
model.summary()


return model
```

代码详见：./3.3　图像分类/code/3.3.2.4　DenseNet.py。

3.3.3　训练图像分类网络

本节使用 CIFAR-10 数据集对 ResNet50 网络进行训练。CIFAR-10 数据集是欣顿的学生克里热夫斯基和伊利娅·萨茨凯（Ilya Sutskever）整理的一个用于识别物体的彩色图像数据集。CIFAR-10 数据集的示例如图 3-19 所示，一共包含 10 个类别的 RGB 彩色图像：飞机、小客车、鸟、猫、鹿、狗、蛙、马、船和卡车。

airplane（飞机）
automobile（小客车）
bird（鸟）
cat（猫）
deer（鹿）
dog（狗）
frog（蛙）
horse（马）
ship（船）
truck（卡车）

图 3-19　CIFAR-10 数据集示例

深度学习与计算机视觉实战

每幅图像的尺寸为 32×32，每个类别有 6000 幅图像，数据集中一共有 50000 幅训练图像和 10000 幅测试图像。

CIFAR-10 数据集能够直接通过 Python 的 API 进行下载，通过 CIFAR-10 数据集训练 ResNet50 网络，如代码 3-5 所示。

代码 3-5　通过 CIFAR-10 数据集训练 ResNet50 网络

```
if __name__ == '__main__':
    img_width, img_height = 32, 32  # 定义网络输入图像大小
    batch_trainsize = 32  # 定义训练和测试的批处理大小
    batch_testsize = 32
    nb_epoch = 20  # 定义周期循环数量
    learningrate = 1e-3  # 定义学习率
    momentum = 0.8  # 定义动量参数
    num_classes = 10  # 定义数据集分类类别数


    (X_train, y_train), (X_test, y_test) = cifar10.load_data()  # 加载
cifar10 数据集
    y_train = to_categorical(y_train, num_classes)  # 对训练集和测试集标签做
one-hot 编码
    y_test = to_categorical(y_test, num_classes)
    num_of_samples = X_train.shape[0]  # 统计训练集数量
    # 构建神经网络模型
    model = ResNet50(input_shape=(img_height, img_width, 3), classes=
num_classes)
    # 模型编译，使用二值交叉熵损失函数，SGD 优化器
    model.compile(loss='binary_crossentropy',
                  optimizer=optimizers.SGD(lr=learningrate,
momentum=momentum), metrics=['accuracy'])


    # 定义 TensorBoard 监控信息
    tb = callbacks.TensorBoard(log_dir='./logs')
    # 定义训练过程中临时模型保存路径
    filepath = './trained_models/model1_-{epoch:02d}-{val_acc:.2f}_'
    # 定义训练过程中的回调函数
    checkpoint = callbacks.ModelCheckpoint(filepath +
```

84

```
                        '{datetime.now():%Y-%m-%d_%H.%M.%S}' + '.h5',
                    monitor='val_acc',verbose=1, save_best_only=True,
mode='max', period=1)


    t = time.time()   # 统计当前时刻
    # 训练网络
    hist = model.fit(X_train, y_train, batch_size=batch_trainsize,
epochs=nb_epoch, verbose=1, validation_data=(X_test, y_test), callbacks=[tb,
checkpoint])
    print('Training time: %s' % (time.time() - t))


    # 测试网络
    (loss, accuracy) = model.evaluate(X_test, y_test, batch_size=
batch_testsize, verbose=1)


    print('[INFO] loss={:.4f}, accuracy: {:.4f}%'.format(loss, accuracy *
100))


    # 保存模型
    model.save('resnet50_model.h5')
```

代码详见：./3.3　图像分类/code/train_resnet50.py。

图像分类网络的训练日志如图 3-20 所示。模型训练时在训练集上产生的损失呈现下降的变化趋势，模型在训练集的分类精度呈现出上升的趋势，说明模型最终达到较好的分类效果。由于计算机计算性能和模型初始化参数不同，每次运行的结果不一定相同。

epoch_loss

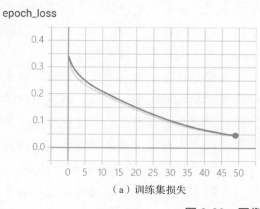

（a）训练集损失

epoch_accuracy

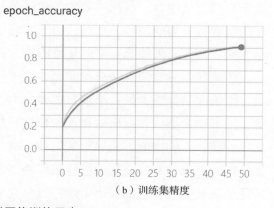

（b）训练集精度

图 3-20　图像分类网络训练日志

3.4 目标检测

目标检测是计算机视觉领域中一个重要的课题，目的是在图像中识别出目标的类别，并给出目标在图像中的位置信息和检测信息，从而为后续的其他任务提供必要的数据。近年来，目标检测在行人车辆检测、人脸检测与识别、异常行为检测、计算机辅助诊断等领域都有着广泛的应用，如图 3-21 所示。

行人车辆检测　　　　　　　　　　　人脸检测与识别

异常行为检测　　　　　　　　　　　计算机辅助诊断

图 3-21　目标检测应用示例

3.4.1　目标检测简介

目标检测是图像处理、人工智能、机器学习、模式识别、图模型、最优化等多个前沿学科的交叉领域。目标检测的主要任务是通过计算，自动完成对一张图片中感兴趣目标的位置和类别的预测。然而，由于实际场景中目标物体的各种形变、姿态变化以及背景光照、角度、天气等复杂的环境因素，目标检测仍是一个具有挑战的任务。

传统的目标检测算法流程如图 3-22 所示。主要流程是首先通过滑动窗口进行窗口截取，以确保目标至少被一个窗口包含。由于目标的尺寸和长宽比多种多样，截取窗口时也使用不同大小、长宽比的预选窗口进行截取。然后对截取的图像进行预处理操作，包括尺寸统一、去均值、消除无关特征、减少噪声等操作。再对经过预处理后的一系列图像使用人工设计的特征算子进行图像特征提取。图像特征提取是目标检测问题中的关键，特征的质量在很大程度上决定最终目标检测算法的性能。不同的任务常常对特征有着不同的要求，也因此没有一种万能、通用的特征。常用的传统的图像特征提取方法有基于形状、颜色、纹理、边缘、角点等视觉特征，以及表现更加优异的人工设计的特征算子，如 HOG 特征、SIFT 特征、LBP 特征、Haar 小波特征算子等。最后使用机器学习中常用的分类器，如 SVM、自适应提升（AdaBoost）等进行特征分类和回归，并最终生成检测结果。

图 3-22　传统目标检测算法流程

2013 年，罗斯·吉尔希克（Ross Girshick）等人提出基于深度学习的目标检测算法：区域卷积神经网络（Region Convolutional Neural Network，R-CNN）算法。R-CNN 算法成功地将卷积神经网络应用在目标检测任务中，虽然在此之前也有研究者尝试将深度学习应用在目标检测中，但是 R-CNN 算法使得目标检测算法投入实际使用成为可能。R-CNN 算法在 VOC 2012 测试集上的平均精度达到了 53.3%，超越了传统图像目标检测方法，而且 R-CNN 算法启发了之后很多基于深度学习的目标检测算法。随后又有 Fast R-CNN、Faster R-CNN、SSD（Single Shot MultiBox Detector）、YOLO（You Only Look Once）等算法相继被提出，不断提高着目标检测算法的性能。目标检测算法按照实现思路的不同，可分为以下两大类。

（1）Two-Stage（二阶段）目标检测算法，首先通过不同尺度的滑动窗口遍历图像，获取大量目标的候选框，然后对候选框进行分类，获取精确的目标边界框和目标类别。Two-Stage 目标检测算法分获取候选框和候选框分类两步完成目标检测，流程如图 3-23 所示。

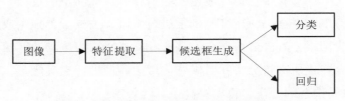

图 3-23　Two-Stage 目标检测算法流程

（2）One-Stage（一阶段）目标检测算法，直接训练网络实现边界框的回归和分类。One-Stage 目标检测算法能够一步完成目标检测，流程如图 3-24 所示。

图 3-24　One-Stage 目标检测算法流程

在常见的基于深度学习的目标检测算法中，R-CNN 系列（Fast R-CNN、Faster R-CNN）都属于 Two-Stage 目标检测算法，SSD、YOLO 属于 One-Stage 目标检测算法。由于 Two-Stage 目标检测算法多了候选框生成的步骤，因此 Two-Stage 目标检测算法相对于 One-Stage 目标检测算法精度普遍更高，但是算法的运算量也更大，无法适用于实时性要求较高的任务，大多用于高精度的离线目标检测任务。而 One-Stage 目标检测算法由于运算量较小，往往通过嵌入式部署在移动智能设备上，执行实时性的目标检测任务。

3.4.2　目标检测经典算法

在目标检测算法中，较为经典的 One-Stage 目标检测算法有 SSD、YOLOv3；较为经典的 Two-Stage 目标检测算法有 R-CNN 系列，该系列中更具代表性的是 Faster R-CNN。因此，下面将介绍 3 种经典目标检测算法的网络结构和工作原理，让读者对目标检测算法的基本实现思路和方法建立更加清楚的认知。

1．Faster R-CNN

Faster R-CNN 由 R-CNN 和 Fast R-CNN 改进而来。R-CNN 将输入图像经过处理后获取大量目标候选区域，再通过卷积网络获取候选区域的特征，根据特征进行 SVM 分类获取目标的类别，最后经过非极大值抑制剔除重叠候选框，得到精确的边界框。Fast R-CNN 在 R-CNN 的基础上做出改进，同时将候选框和整幅图像输入卷积网络中，卷积层学习全图特征，生成全局特征图，再使用感兴趣区域池化（Region of Interest Pooling，ROI Pooling）层在全局特征图上截取对应的候选框区域特征，最后通过全连接层进行分类，避免了 R-CNN 中对每个候选区域重复卷积获取特征向量的过程，可有效提高检测速率。Faster R-CNN 在 Fast R-CNN 基础上进行修改，去掉了单独生成候选框的过程，直接通过区域生成网络（Region Proposal Network，RPN）生成候选区域的边界框和全局特征图，再使用全连接层进行分类并对候选区域边界框进行二次修正，Faster R-CNN 通过 RPN 完成获取候选框的方法，再次提高了算法效率。

Faster R-CNN 由 3 部分组成，如图 3-25 所示，即特征提取网络、RPN 和边界框分类回归网络，分别实现提取区域特征、获取兴趣区域和目标边界框分类的任务。RPN 和边界框分类回归网络共享特征提取网络提取的特征，为了产生多个兴趣区域，需要在共享卷积层后添加新的卷积层，新添加的卷积层属于 RPN，因此 RPN 实际是一个全卷积神经网络（Fully Convolutional Neural Network，FCN）。特征提取网络的作用是将输入图像转换为高维的语义特征，图 3-25 中的特征提取网络为 VGG16。在具体应用中，更倾向于将性能表现更好的 ResNet50 作为 Faster R-CNN 的特征网络。

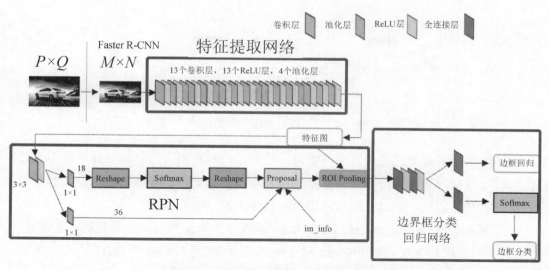

图 3-25　Faster R-CNN 的网络结构

RPN 将共享卷积层输出的特征图作为输入，最终产生两个输出，分别是多个兴趣区域的位置信息和对应区域包含或不包含目标的置信度值。RPN 原理如图 3-26 所示。将图像输入 Faster R-CNN，经前向传播在特征提取网络输出特征图，RPN 的卷积层在该特征映射图上运用 3×3 的滑动窗口进行卷积运算，输出多个 256 维的向量。该向量再分别全连接到回归层和分类层，由回归层和分类层分别输出候选区域的位置信息和相关区域包含目标的置信度信息。需要注意的是，与边界框分类网络的分类层不同，RPN 的分类层是二分类，仅判断候选框区域是否包含待检测目标。

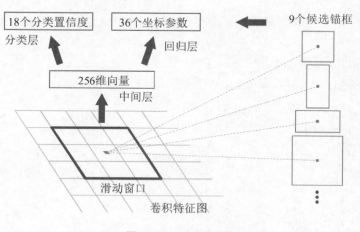

图 3-26　RPN 原理

通过 RPN 得到候选区域后，将得到的区域作用于特征图，利用检测网络进行感兴趣区域池化操作；提取对应的区域特征，并利用边框分类回归网络对特征进行目标分类，检测网络有两个平行输出层。边框分类回归网络结构如图 3-27 所示。

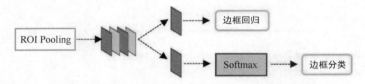

图 3-27　边框分类回归网络结构

两个输出层都是全连接层，第一个输出边框回归的对象为边界框偏移量，用于计算特征图对应网格内的偏移量，使边界框的位置更加精确。第二个输出边框分类的对象为边界框的类别置信度，可以根据该输出判定目标类别。

通过 Keras 和 TensorFlow 搭建基于 ResNet50 的 Faster R-CNN，如代码 3-6 所示。

代码 3-6　通过 Keras 和 TensorFlow 搭建 Faster R-CNN

```python
class RoiPoolingConv(Layer):

    # 初始化函数传入必要参数，池化区域大小及 ROI 数量
    def __init__(self, pool_size, num_rois, **kwargs):

        self.pool_size = pool_size
        self.num_rois = num_rois

        super(RoiPoolingConv, self).__init__(**kwargs)


    def build(self, input_shape):
        # 构建函数中获取输入特征数量
        self.nb_channels = input_shape[0][3]


    # 计算输出形状
    def compute_output_shape(self, input_shape):
        return None, self.num_rois, self.pool_size, self.pool_size,
self.nb_channels


    def call(self, x, mask=None):

        assert(len(x) == 2)   # 传入参数为两个元素
```

```python
        img = x[0]   # 获取特征
        rois = x[1]  # 获取输入的 ROI

        outputs = []

        # 遍历所有的 ROI
        for roi_idx in range(self.num_rois):

                # 获取 ROI 的坐标与宽高
                x = rois[0, roi_idx, 0]
                y = rois[0, roi_idx, 1]
                w = rois[0, roi_idx, 2]
                h = rois[0, roi_idx, 3]

                # 数据类型转换
                x = K.cast(x, 'int32')
                y = K.cast(y, 'int32')
                w = K.cast(w, 'int32')
                h = K.cast(h, 'int32')

                # 将特征在 ROI 位置裁剪，并缩放池化区域大小
                rs = tf.compat.v1.image.resize_images(img[:, y:y+h, x:x+w, :],
                        (self.pool_size, self.pool_size))
                outputs.append(rs)

        # 对所有 ROI 输出进行堆叠
        final_output = K.concatenate(outputs, axis=0)
        # 对输出进行 reshape 操作
        final_output = K.reshape(final_output, (1, self.num_rois,
            self.pool_size, self.pool_size, self.nb_channels))

        # 调整输出维度顺序
        final_output = K.permute_dimensions(final_output, (0, 1, 2, 3, 4))
```

```
        return final_output


# 定义 RPN 结构
def get_rpn(base_layers, num_anchors):
    # 对输入特征进行 3×3 卷积
    x = Conv2D(512, (3, 3), padding='same', activation='relu',
                kernel_initializer='normal', name='rpn_conv1')(base_layers)


    # 1×1 卷积，Sigmoid 激活函数，输出为 1，即前背景置信度得分
    x_class = Conv2D(num_anchors, (1, 1), activation='sigmoid',
                    kernel_initializer='uniform', name='rpn_out_class')(x)
    # 1×1 卷积，linear 激活函数，粗略回归建议框坐标位置调整量
    x_regr = Conv2D(num_anchors * 4, (1, 1), activation='linear',
                    kernel_initializer='zero', name='rpn_out_regress')(x)


    # 返回前进行 reshape 操作
    x_class = Reshape((-1, 1), name='classification')(x_class)
    x_regr = Reshape((-1, 4), name='regression')(x_regr)
    return [x_class, x_regr, base_layers]


# 定义网络最后分类器网络结构部分
def get_classifier(base_layers, input_rois, num_rois, nb_classes=21,
trainable=False):
    pooling_regions = 14   # 定义池化区域
    input_shape = (num_rois, 14, 14, 1024)   # 定义分类器网络输入


    # 特征进行 ROI 池化
    out_roi_pool = RoiPoolingConv(pooling_regions, num_rois)([base_layers,
input_rois])
    # ROI 池化后的结果输入分类层结构中来进一步提取特征
    out = classifier_layers(out_roi_pool, input_shape=input_shape,
trainable=True)
    # 对特征进行拉直
```

```python
    out = TimeDistributed(Flatten())(out)
    # 全连接层，Softmax 激活函数，判定预测框是每个类别的置信度得分
    out_class = TimeDistributed(Dense(nb_classes, activation='softmax',
                kernel_initializer='zero'),name='dense_class_{}'.format
(nb_classes))(out)

    # 全连接层，Linear 激活函数，精确回归预测框的调整量
    out_regr = TimeDistributed(Dense(4 * (nb_classes - 1), activation='linear',
                kernel_initializer='zero'),name='dense_regress_{}'.format
(nb_classes))(out)
    return [out_class, out_regr]


# 构建 Faster R-CNN 结构
def get_model(config, num_classes):
    inputs = Input(shape=(None, None, 3))  # 定义网络输入
    roi_input = Input(shape=(None, 4))  # 定义 ROI 输入
    base_layers = ResNet50(inputs)   # 使用 ResNet50 提取特征

    # 计算产生 anchors 的数量
    num_anchors = len(config.anchor_box_scales) * len(config.anchor_
box_ratios)
    # 特征输入 RPN 中得到建议框
    rpn = get_rpn(base_layers, num_anchors)
    model_rpn = Model(inputs, rpn[:2])   # 构建 RPN 模型，判定建议框是前景还是背景

    classifier = get_classifier(base_layers, roi_input, config.num_rois,
                            nb_classes=num_classes, trainable=True)
    model_classifier = Model([inputs, roi_input], classifier)  # 构建分类器模型

    model_all = Model([inputs, roi_input], rpn[:2] + classifier)  # 构建
Faster R-CNN 模型
    return model_rpn, model_classifier, model_all
```

代码详见：./3.4　目标检测/code/3.4.2.1　faster_RCNN.py。

2．SSD

SSD 算法是一种速度快、准确性高，而且对图像尺度变化鲁棒性较高的一种算法。该算法最主要的特点是利用多层具有不同尺度、不同感受野的卷积特征进行目标的检测和识别。

SSD 网络结构如图 3-28 所示，分为特征网络和附加特征层（卷积 8_2、卷积 9_2、卷积 10_2、卷积 11_2）两部分。特征网络为截断的 VGG 网络，附加特征层为尺度逐渐减小的 CNN 层，目标物体的检测在不同尺度的特征图上同时进行，不同尺度的特征图用来预测不同尺度的目标。假设输入图像为 n 幅 300×300 大小的图像，那么特征网络输出的特征图大小为$[n,38,38,512]$，可以得到 n 幅 38×38 大小、通道数为 512 的特征图，接着使用步长为 2 的卷积对特征网络的输出下采样得到大小为$[n,19,19,1024]$的特征图，继续对上层输出进行下采样得到大小为$[n,10,10,512]$的特征图，持续下采样，得到大小为$[n,5,5,256]$、$[n,3,3,256]$和$[n,1,1,256]$的特征图。

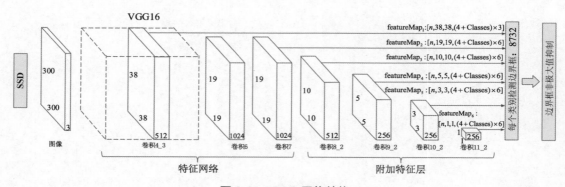

图 3-28　SSD 网络结构

得到共计 6 种尺度的特征图后，对 6 种尺度的特征图进行卷积，将其映射到边框回归和分类空间中。假设共有 20 个类别需要实现分类，featureMap$_1$=$[n,38,38,(4+Classes)×3]$ 每个网格对应生成 3 个先验框，那么 featureMap$_1$ 经过卷积输出的张量为$[n,38,38,(4+21)×3]$，其中 38 表示输入图像被分为 38×38 个网格，4 表示回归边界框的偏移量(x,y)以及边界框高宽(h,w)，21 表示类别置信度中包含 20 个目标类别和 1 个背景类别，3 表示每个网格的 3 个先验框。以此类推，featureMap$_2$ 到 featureMap$_6$ 每个网格对应生成 6 个先验框，卷积输出张量大小分别为$[n,19,19,(4+21)×6]$、$[n,10,10,(4+21)×6]$、$[n,5,5,(4+21)×6]$、$[n,3,3,(4+21)×6]$、$[n,1,1,(4+21)×6]$。

图 3-29（a）所示的猫、狗目标检测示例中猫的真值框较小，狗的真值框较大，由 8×8 的特征图生成真值框较小的猫的候选框如图 3-29（b）所示，由 4×4 的特征图生成真值框较大的狗的候选框如图 3-29（c）所示。图 3-29（b）中左下框表示猫的置信度

较大，图 3-29（c）中粗黑线框表示狗的置信度较大，由此可以看出生成不同大小特征图的作用。

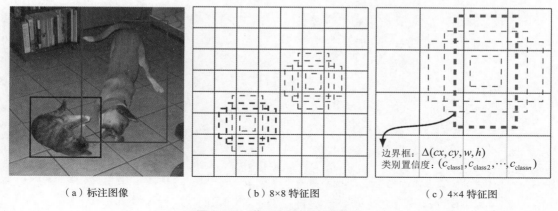

（a）标注图像 （b）8×8 特征图 （c）4×4 特征图

图 3-29 猫、狗目标检测示例

通过 Keras 和 TensorFlow 搭建基于 VGG16 的 SSD 网络，如代码 3-7 所示。

代码 3-7 通过 Keras 和 TensorFlow 搭建基于 VGG16 的 SSD 网络

```python
# 定义 SSD 网络结构
def SSD(input_shape, num_classes=21):
    # 300×300×3
    input_tensor = Input(shape=input_shape)  # 定义网络输入
    img_size = (input_shape[1], input_shape[0])  # 定义输入大小
    # SSD 结构，net 字典
    net = VGG16(input_tensor)  # 主干特征网络结构采用 VGG16
    # 对提取到的主干特征进行处理
    # 对 conv4_3 输出特征图大小为 38×38，512
    net['conv4_3_norm'] = Normalize(20, name='conv4_3_norm')(net['conv4_3'])
    num_priors = 4
    # 预测框的处理
    # num_priors 表示每个网格点先验框的数量，4 是 x、y、h、w 的调整
    net['conv4_3_norm_mbox_loc'] = Conv2D(num_priors * 4, kernel_size=(3, 3),
padding='same',name='conv4_3_norm_mbox_loc')(net['conv4_3_norm'])
    net['conv4_3_norm_mbox_loc_flat'] = \
            Flatten(name='conv4_3_norm_mbox_loc_flat')(net['conv4_3_norm_
mbox_loc'])
    # num_priors 表示每个网格点先验框的数量，num_classes 表示所分的类
```

```python
net['conv4_3_norm_mbox_conf'] = Conv2D(num_priors * num_classes,
kernel_size=(3, 3),padding='same',name='conv4_3_norm_mbox_conf')(net
['conv4_3_norm'])
    # 特征拉直
    net['conv4_3_norm_mbox_conf_flat'] = \
        Flatten(name='conv4_3_norm_mbox_conf_flat')(net['conv4_3_norm_
mbox_conf'])
    priorbox = PriorBox(img_size, 30.0, max_size=60.0, aspect_ratios=[2],
                        variances=[0.1, 0.1, 0.2, 0.2],name='conv4_3_norm_
mbox_priorbox')
    net['conv4_3_norm_mbox_priorbox'] = priorbox(net['conv4_3_norm'])
    # 对 fc7 进行处理
    num_priors = 6
    # 预测框的处理
    # num_priors 表示每个网格点先验框的数量，4 是 x、y、h、w 的调整
    net['fc7_mbox_loc'] = Conv2D(num_priors * 4, kernel_size=(3, 3),
                        padding='same', name='fc7_mbox_loc')(net['fc7'])
    net['fc7_mbox_loc_flat'] = Flatten(name='fc7_mbox_loc_flat')
(net['fc7_mbox_loc'])
    # num_priors 表示每个网格点先验框的数量，num_classes 是所分的类
    net['fc7_mbox_conf'] = Conv2D(num_priors * num_classes, kernel_size=(3, 3),
                        padding='same', name='fc7_mbox_conf')(net['fc7'])
    # 特征拉直
    net['fc7_mbox_conf_flat'] = Flatten(name='fc7_mbox_conf_flat')
(net['fc7_mbox_conf'])
    priorbox = PriorBox(img_size, 60.0, max_size=111.0, aspect_ratios=[2, 3],
                    variances=[0.1, 0.1, 0.2, 0.2], name='fc7_mbox_priorbox')
    net['fc7_mbox_priorbox'] = priorbox(net['fc7'])
    # 对 conv6_2 进行处理
    num_priors = 6
    # 预测框的处理
    # num_priors 表示每个网格点先验框的数量，4 是 x、y、h、w 的调整
    x = Conv2D(num_priors * 4, kernel_size=(3, 3), padding='same',
                name='conv6_2_mbox_loc')(net['conv6_2'])
```

```
net['conv6_2_mbox_loc'] = x
# 特征拉直
net['conv6_2_mbox_loc_flat'] = Flatten(name='conv6_2_mbox_loc_flat')
(net['conv6_2_mbox_loc'])
# num_priors 表示每个网格点先验框的数量, num_classes 表示所分的类
x = Conv2D(num_priors * num_classes, kernel_size=(3, 3),
            padding='same', name='conv6_2_mbox_conf')(net['conv6_2'])
net['conv6_2_mbox_conf'] = x
# 特征拉直
net['conv6_2_mbox_conf_flat'] = Flatten(name='conv6_2_mbox_conf_flat')
(net['conv6_2_mbox_conf'])
priorbox = PriorBox(img_size, 111.0, max_size=162.0, aspect_ratios=[2, 3],
                variances=[0.1, 0.1, 0.2, 0.2], name='conv6_2_mbox_priorbox')
net['conv6_2_mbox_priorbox'] = priorbox(net['conv6_2'])
# 对 conv7_2 进行处理
num_priors = 6
# 预测框的处理
# num_priors 表示每个网格点先验框的数量, 4 是 x、y、h、w 的调整
x = Conv2D(num_priors * 4, kernel_size=(3, 3),
            padding='same', name='conv7_2_mbox_loc')(net['conv7_2'])
net['conv7_2_mbox_loc'] = x
net['conv7_2_mbox_loc_flat'] = Flatten(name='conv7_2_mbox_loc_flat')
(net['conv7_2_mbox_loc'])
# num_priors 表示每个网格点先验框的数量, num_classes 表示所分的类
x = Conv2D(num_priors * num_classes, kernel_size=(3, 3),
            padding='same', name='conv7_2_mbox_conf')(net['conv7_2'])
net['conv7_2_mbox_conf'] = x
net['conv7_2_mbox_conf_flat'] = Flatten(name='conv7_2_mbox_conf_flat')
(net['conv7_2_mbox_conf'])
priorbox = PriorBox(img_size, 162.0, max_size=213.0, aspect_ratios=[2, 3],
                variances=[0.1, 0.1, 0.2, 0.2], name='conv7_2_mbox_priorbox')
net['conv7_2_mbox_priorbox'] = priorbox(net['conv7_2'])
# 对 conv8_2 进行处理
num_priors = 4
```

```
    # 预测框的处理
    # num_priors 表示每个网格点先验框的数量，4 是 x、y、h、w 的调整
    x = Conv2D(num_priors * 4, kernel_size=(3, 3),
            padding='same', name='conv8_2_mbox_loc')(net['conv8_2'])
    net['conv8_2_mbox_loc'] = x
    net['conv8_2_mbox_loc_flat'] = Flatten(name='conv8_2_mbox_loc_flat')
(net['conv8_2_mbox_loc'])
    # num_priors 表示每个网格点先验框的数量，num_classes 表示所分的类
    x = Conv2D(num_priors * num_classes, kernel_size=(3, 3),
            padding='same', name='conv8_2_mbox_conf')(net['conv8_2'])
    net['conv8_2_mbox_conf'] = x
    net['conv8_2_mbox_conf_flat'] = Flatten(name='conv8_2_mbox_conf_flat')
(net['conv8_2_mbox_conf'])
    priorbox = PriorBox(img_size, 213.0, max_size=264.0, aspect_ratios=[2],
            variances=[0.1, 0.1, 0.2, 0.2], name='conv8_2_mbox_priorbox')
    net['conv8_2_mbox_priorbox'] = priorbox(net['conv8_2'])
    # 对 conv9_2 进行处理
    num_priors = 4
    # 预测框的处理
    # num_priors 表示每个网格点先验框的数量，4 是 x、y、h、w 的调整
    x = Conv2D(num_priors * 4, kernel_size=(3, 3),
            padding='same', name='conv9_2_mbox_loc')(net['conv9_2'])
    net['conv9_2_mbox_loc'] = x
    net['conv9_2_mbox_loc_flat'] = Flatten(name='conv9_2_mbox_loc_flat')
(net['conv9_2_mbox_loc'])
    # num_priors 表示每个网格点先验框的数量，num_classes 表示所分的类
    x = Conv2D(num_priors * num_classes, kernel_size=(3, 3),
            padding='same', name='conv9_2_mbox_conf')(net['conv9_2'])
    net['conv9_2_mbox_conf'] = x
    net['conv9_2_mbox_conf_flat'] = Flatten(name='conv9_2_mbox_conf_flat')
(net['conv9_2_mbox_conf'])
    priorbox = PriorBox(img_size, 264.0, max_size=315.0, aspect_ratios=[2],
            variances=[0.1, 0.1, 0.2, 0.2], name='conv9_2_mbox_priorbox')
    net['conv9_2_mbox_priorbox'] = priorbox(net['conv9_2'])
```

```
# 对所有结果进行堆叠
net['mbox_loc'] = Concatenate(axis=1)([net['conv4_3_norm_mbox_loc_flat'],
                                      net['fc7_mbox_loc_flat'],
                                      net['conv6_2_mbox_loc_flat'],
                                      net['conv7_2_mbox_loc_flat'],
                                      net['conv8_2_mbox_loc_flat'],
                                      net['conv9_2_mbox_loc_flat']])
net['mbox_conf'] = Concatenate(axis=1)([net['conv4_3_norm_mbox_conf_flat'],
                                        net['fc7_mbox_conf_flat'],
                                        net['conv6_2_mbox_conf_flat'],
                                        net['conv7_2_mbox_conf_flat'],
                                        net['conv8_2_mbox_conf_flat'],
                                        net['conv9_2_mbox_conf_flat']])
net['mbox_priorbox'] = Concatenate(axis=1)([net['conv4_3_norm_mbox_priorbox'],
                                            net['fc7_mbox_priorbox'],
                                            net['conv6_2_mbox_priorbox'],
                                            net['conv7_2_mbox_priorbox'],
                                            net['conv8_2_mbox_priorbox'],
                                            net['conv9_2_mbox_priorbox']])
# 计算候选框数量
num_boxes = K.int_shape(net['mbox_loc'])[-1] // 4
# 8732×4
net['mbox_loc'] = Reshape((num_boxes, 4), name='mbox_loc_final')
(net['mbox_loc'])
# 8732×21
net['mbox_conf'] = Reshape((num_boxes, num_classes), name='mbox_conf_
logits')(net['mbox_conf'])
net['mbox_conf'] = Activation('softmax', name='mbox_conf_final')
(net['mbox_conf'])
# 对预测结果进行堆叠
net['predictions'] = Concatenate(axis=2)([net['mbox_loc'],
                                          net['mbox_conf'],
                                          net['mbox_priorbox']])
print(net['predictions'])
```

```
model = Model(net['input'], net['predictions'])   # 构建网络结构
return model
```

代码详见：./3.4 目标检测/code/3.4.2.2 SSD.py。

3. YOLOv3

YOLO 算法是一种端到端的 One-Stage 目标检测算法。YOLO 算法检测思路如图 3-30 所示。该算法的核心在于将图像按区域分块进行预测，它以 32×32 为单位将输入图像分为若干个网格，例如假设输入图像大小为 416×416，那么 YOLO 输出的特征图大小为 13×13。当被检测目标的中心点坐标位于特征图的某个网格内，那么该网格负责输出目标的边界框和类别置信度，每个网格都可以设置边界框的数量和目标类别的数量。假设每个网格需要预测的边界框数量为 B，类别数量为 C，那么最后的卷积层输出张量大小为 $\text{Conv}_{out}=[n,13,13,(B\times5+C)]$，其中 n 为输入图像的数量；$B\times5$ 表示边界框的 5 个参数 $[x,y,h,w,confidence]$，包含边界框的中心偏移量 x 和 y，特征图的高宽 h 和 w，以及边界框的置信度 $confidence$；C 表示被检测目标对应每个类别的分类置信度。将 $\text{Conv}_{out}=[n,13,13,(B\times5+C)]$ 输入全连接层进行解析并输出目标的边界框和置信度实现目标检测。

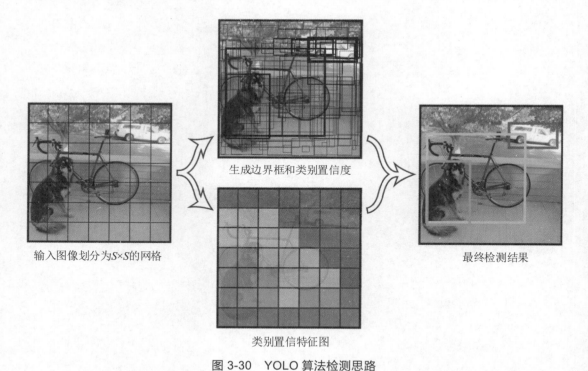

生成边界框和类别置信度

输入图像划分为 $S\times S$ 的网格

类别置信特征图

最终检测结果

图 3-30 YOLO 算法检测思路

YOLOv2 在 YOLO 的基础上进行了改进，借鉴 R-CNN 的思想，引入候选框的概念，根据训练数据的边界框进行 k 均值聚类（K-Means）得到 5 种候选框尺寸，在预测过程中不直接预测边界框的大小，而是根据候选框大小预测补偿，降低了算法复杂度和减少

了运算量，最后解析输出张量时，使用相应候选框尺寸和补偿值对目标边界框进行拟合。YOLOv2 边界框回归原理如图 3-31 所示，其中 $\sigma(t_x)$ 和 $\sigma(t_y)$ 为模型输出的边界框中心点坐标偏移量，t_w 和 t_h 分别为模型输出的边界框的宽和高，c_x 和 c_y 为网格坐标，p_w 和 p_h 分别为候选框的宽和高。

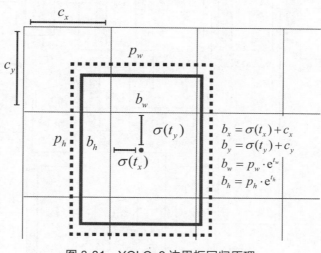

图 3-31　YOLOv2 边界框回归原理

另外，YOLOv2 在模型特征网络也做出了创新，基于 VGG16 提出了 DarkNet-19 网络结构并且去除了全连接层。相较于 YOLO，YOLOv2 网络的参数量大大减少，并且在每个卷积层后增加了 BN 层来对特征图进行归一化操作，提升了算法的泛化能力和鲁棒性，同时避免了梯度爆炸的发生。YOLOv2 在检测精度和速度方面超越了 YOLO，但由于 YOLOv2 输出特征图较大，对小目标检测的性能始终不如 SSD。

YOLOv3 在 YOLOv2 的基础上主要做了两个方面的改进。一方面是对特征网络进行改进，YOLOv3 借鉴了 ResNet50 提出的 DarkNet-53 网络结构，精度相较于 YOLOv2 有所提高，同时也保证了算法的计算速度。另一方面是针对 YOLOv2 对小目标检测效果差进行的改进，YOLOv3 提出一种类似特征金字塔网络（Feature Pyramid Network，FPN）的金字塔结构，将特征网络输出的特征图进行两次上采样，并与特征网络中对应大小的浅层特征图进行融合，最后得到多尺度的输出张量。YOLOv3 网络结构如图 3-32 所示。

假设输入图像为 416×416 大小的彩色图像，那么通过获取特征网络 DarkNet-53 对输入图像进行 8 倍、16 倍、32 倍下采样可得到 3 种尺度的特征图（52×52、26×26、13×13），再对 3 种尺度的特征图通过上采样的方式对齐后进行特征融合，最后对融合后的特征图进行卷积运算，实现目标边界框的回归和分类。

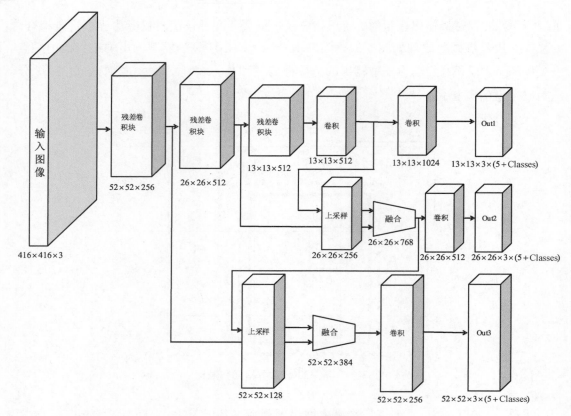

图 3-32　YOLOv3 网络结构

　　若 n 为输入图像数量，那么大小为 13×13 的特征图最终输出结果为 $[n,13,13,3×(5+\text{Classes})]$。输出结果表示将原图划分为 13×13 的网格，每个网格中有 3×(5+Classes)个候选框；其中 3 表示 3 种不同形态的候选锚框，如图 3-33 所示；5+Classes 表示每个候选框的参数量，其中 5 表示 5 个数值，即边界框的坐标(x,y,h,w)和置信度（Confidence）；Classes 表示每个待检测类别的置信度。因此单个边界框可以表示为 $[x,y,h,w,\text{conf}_{box},\text{conf}_{class1},\cdots,\text{conf}_{classn}]$。相对应，大小为 26×26 的特征图最终输出结果为$[n,26,26,3×(5+\text{Classes})]$，大小为 52×52 的特征图最终输出结果为$[n,52,52,3×(5+\text{Classes})]$。将全部边界框进行非极大值抑制，得到最终的目标边界框，则完成了一次目标检测。

图 3-33　3 种不同形态的候选锚框

相较于仅有 13×13 一种尺度特征图的 YOLOv2 和 YOLO，YOLOv3 具有两种尺度更加细致化的特征图（52×52、26×26），因此对小目标的检测效果也大大提升。

通过 Keras 和 TensorFlow 搭建 YOLOv3 网络，如代码 3-8 所示。

代码 3-8　通过 Keras 和 TensorFlow 搭建 YOLOv3 网络

```python
# DarkNet-53 的主体部分
def darknet_body(x):

    x = DarknetConv2D_BN_Leaky(32, (3,3))(x)

    x = resblock_body(x, 64, 1)

    x = resblock_body(x, 128, 2)

    x = resblock_body(x, 256, 8)

    feat1 = x  # 保留输出特征

    x = resblock_body(x, 512, 8)

    feat2 = x  # 保留输出特征

    x = resblock_body(x, 1024, 4)

    feat3 = x  # 保留输出特征

    return feat1,feat2,feat3


# 特征提取模块
def make_last_layers(x, num_filters, out_filters):

    # 5 次卷积

    x = DarknetConv2D_BN_Leaky(num_filters, (1, 1))(x)

    x = DarknetConv2D_BN_Leaky(num_filters * 2, (3, 3))(x)

    x = DarknetConv2D_BN_Leaky(num_filters, (1, 1))(x)

    x = DarknetConv2D_BN_Leaky(num_filters * 2, (3, 3))(x)

    x = DarknetConv2D_BN_Leaky(num_filters, (1, 1))(x)


    # 将最后的通道数调整为 out-filters

    y = DarknetConv2D_BN_Leaky(num_filters * 2, (3, 3))(x)

    y = DarknetConv2D(out_filters, (1, 1))(y)


    return x, y


# YOLOv3 的主体
def yolo_body(inputshape, num_anchors, num_classes):
```

```
inputs = Input(shape=inputshape)
# 生成 DarkNet-53 的主干模型
feat1, feat2, feat3 = darknet_body(inputs)
darknet = Model(inputs, feat3)


# 第一个特征层
# y1=(batch_size,13,13,3,85)
x, y1 = make_last_layers(darknet.output, 512, num_anchors * (num_classes + 5))

x = compose(
    DarknetConv2D_BN_Leaky(256, (1, 1)),
    UpSampling2D(2))(x)
x = Concatenate()([x, feat2])
# 第二个特征层
# y2=(batch_size,26,26,3,85)
x, y2 = make_last_layers(x, 256, num_anchors * (num_classes + 5))

x = compose(
    DarknetConv2D_BN_Leaky(128, (1, 1)),
    UpSampling2D(2))(x)
x = Concatenate()([x, feat1])
# 第三个特征层
# y3=(batch_size,52,52,3,85)
x, y3 = make_last_layers(x, 128, num_anchors * (num_classes + 5))


return Model(inputs, [y1, y2, y3])
```

代码详见：./第 3 章/3_4_2/YOLOv3.py。

3.4.3　训练目标检测网络

PASCAL（Pattern Analysis，Statistical Modelling and Computational Learning，模式分析、统计建模和计算学习）VOC 挑战赛是一个视觉对象的分类识别和检测的比赛，提供了检测算法与学习性能的标准图像注释数据集和评估系统。

本节使用 VOC 2007 数据集训练 YOLOv3 目标检测模型。VOC 2007 数据集共包含训练集（5011 幅）、测试集（4952 幅），共计 9963 幅图；共包含 20 个种类：aeroplane、bicycle、 bird、boat、bottle、bus、car、cat、chair、cow、dining table、dog、horse、motorbike、person、potted plant、sheep、sofa、train、tv/monitor。

VOC 2007 数据集包含的子文件夹如图 3-34 所示。

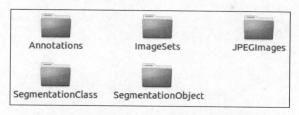

图 3-34 VOC 2007 数据集包含的子文件夹

VOC 2007 数据集中各文件夹的名称及其意义如表 3-1 所示。

表 3-1 VOC 2007 数据集中各文件夹的名称及其意义

文件夹名称	文件夹意义
Annotations	目标真值区域
ImageSets	类别标签
JPEGImages	图像
SegmentationClass	语义分割标注图
SegmentationObject	实例分割标注图

每个文件夹的具体结构如下。

```
Annotations
    *.xml
ImageSets
    Action
        *_train.txt
        *_trainval.txt
        *_val.txt
    Layout
        train.txt
        trainval.txt
        val.txt
    Main
        *_train.txt
        *_trainval.txt
```

```
        *_val.txt
    Segmentation
        train.txt
        trainval.txt
        val.txt
JPEGImages
    *.jpg
SegmentationClass
    *.png
SegmentationObject
    *.png
```

JPEGImages 文件夹中包含 PASCAL VOC 提供的所有的图像信息，包括了训练图像和测试图像。

Annotations 文件夹中存放的是 XML 格式的标签文件，每一个 XML 文件都对应于 JPEGImages 文件夹中的一幅图像。

ImageSets 文件夹中有 4 个文件夹：Action、Layout、Main、Segmentation。ImageSets 中存放的是每一种类型的比赛对应的图像数据。

Action 文件夹中存放的是人的动作，如 running（跑）、jumping（跳）等。

Layout 文件夹中存放的是具有人体部位的数据，如人的 head（头）、hand（手）、feet（脚）等。

Main 文件夹中存放的是图像目标检测的数据，总共 20 类。

Segmentation 文件夹中存放的是可用于分割的数据。

在训练 YOLOv3 的过程中，使用 JPEGImages 目录下的*.jpg 作为图像源数据，使用 ImageSets 下的 Main 中的 train.txt 作为图像标签。

训练 YOLOv3 之前要先定义目标先验锚框的大小，通过读取 train.txt 中标注好的目标边界框文本信息，利用 k 均值聚类对目标边界框实现聚类，从而得到目标先验锚框。

训练 YOLOv3 网络并保存模型权重，如代码 3-9 所示。

代码 3-9　训练 YOLOv3 网络并保存模型权重

```python
# 训练 YOLOv3
if __name__ == '__main__':
    # 标签的位置
    annotation_path = '2007_train.txt'
    # 获取 classes 和 anchors 的位置
    classes_path = 'model_data/voc_classes.txt'
```

```
anchors_path = 'model_data/yolo_anchors.txt'
# 获取预加载模型权重
weights_path = 'model_data/yolo_weights.h5'
# 获得 classes 和 anchors
class_names = get_classes(classes_path)
anchors = get_anchors(anchors_path)
# 一共有多少类
num_classes = len(class_names)
num_anchors = len(anchors)
# 训练后的模型保存的位置
log_dir = 'logs/'
# 输入的 shape 大小
input_shape = (416, 416)


# 输入的图像
image_input = Input(shape=(None, None, 3))
h, w = input_shape


# 创建 YOLO 模型
model_body = yolo_body(image_input, num_anchors // 3, num_classes)


# 载入预训练权重
print('Load weights {}.'.format(weights_path))
model_body.load_weights(weights_path, by_name=True, skip_mismatch=True)


y_true = [Input(shape=(h // {0: 32, 1: 16, 2: 8}[l], w // {0: 32, 1: 16,
2: 8}[l], num_anchors // 3, num_classes + 5)) for l in range(3)]


# 输出为 model_loss
loss_input = [*model_body.output, *y_true]
# 构建模型损失
model_loss = Lambda(yolo_loss, output_shape=(1, ), name='yolo_loss',
                    rguments={'anchors': anchors, 'num_classes': num_classes,
                    'ignore_thresh': 0.5})(loss_input)
```

```python
# 构建网络模型
model = Model([model_body.input, *y_true], model_loss)


# 冻结主干特征提取网络的前 184 层
# 可以在训练初期防止权值被破坏，也可以加快训练速度
freeze_layers = 184
for i in range(freeze_layers): model_body.layers[i].trainable = False


# 训练参数设置
logging = TensorBoard(log_dir=log_dir)
checkpoint = ModelCheckpoint(log_dir + 'ep{epoch:03d}-loss{loss:.3f}
-val_loss{val_loss:.3f}.h5', monitor='val_loss', save_weights_only=True,
save_best_only=False, period=2)
# 定义学习率衰减策略
reduce_lr = ReduceLROnPlateau(monitor='val_loss', factor=0.5, patience=2,
verbose=1)
# 定义训练早停
early_stopping = EarlyStopping(monitor='val_loss', min_delta=0,
patience=6, verbose=1)


# 0.1 用于验证，0.9 用于训练
val_split = 0.1
with open(annotation_path) as f:
    lines = f.readlines()
np.random.seed(10101)
np.random.shuffle(lines)
np.random.seed(None)
num_val = int(len(lines) * val_split)
num_train = len(lines) - num_val


if True:
    # 定义 Adam 优化器
    model.compile(optimizer=Adam(lr=1e-3), loss={
        'yolo_loss': lambda y_true, y_pred: y_pred})
```

```python
    batch_size = 8  # 定义 batch_size 大小
    print('Train on {} samples, val on {} samples, '
            'with batch size {}.'.format(num_train, num_val, batch_size))

    # 模型训练
    model.fit_generator(
        data_generator(lines[:num_train], batch_size, input_shape,
anchors, num_classes),
        steps_per_epoch=max(1, num_train // batch_size),
        validation_data=data_generator(lines[num_train:],
                            batch_size, input_shape, anchors, num_classes),
        validation_steps=max(1, num_val // batch_size),
        epochs=50,
        initial_epoch=0,
        callbacks=[logging, checkpoint, reduce_lr, early_stopping])
    model.save_weights(log_dir + 'trained_weights_stage_1.h5')

# 对冻结参数进行解冻
for i in range(freeze_layers):
model_body.layers[i].trainable = True

# 解冻后训练
if True:
    model.compile(optimizer=Adam(lr=1e-4), loss={
        'yolo_loss': lambda y_true, y_pred: y_pred})

    batch_size = 4  # 定义 batch_size 大小
    print('Train on {} samples, val on {} samples, '
            'with batch size {}.'.format(num_train, num_val, batch_size))
    model.fit_generator(
        data_generator(lines[:num_train], batch_size, input_shape,
anchors, num_classes), steps_per_epoch=max(1, num_train // batch_size),
        validation_data=data_generator(lines[num_train:],
```

深度学习与计算机视觉实战

```
                    batch_size, input_shape, anchors,num_classes),
        validation_steps=max(1, num_val // batch_size),
        epochs=80,
        initial_epoch=0,
        callbacks=[logging, checkpoint, reduce_lr, early_stopping])


model.save_weights(log_dir + 'last1.h5')  # 保存模型
```

代码详见：./3.4　目标检测/code train_yolo3.py。

目标检测网络的训练日志如图 3-35 所示，模型训练时在训练集和验证集上产生的损失总体呈现出下降的变化趋势，模型最终达到收敛。

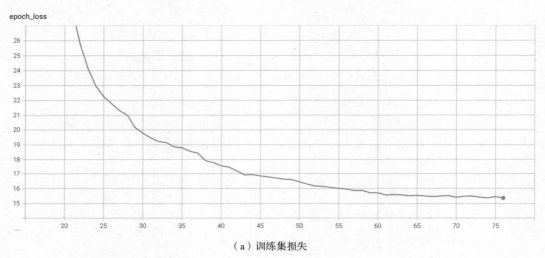

（a）训练集损失

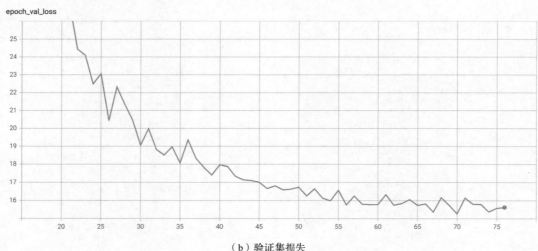

（b）验证集损失

图 3-35　目标检测网络训练日志

110

3.5　图像分割

图像分割是指基于灰度、颜色、纹理和空间几何等特征对不同区域的图像进行分割，增强这些特征出现在同一区域时的一致性以及出现在不同区域时的差异性，旨在分离图像中的具有独特性质的区域并提出感兴趣的目标。图像分割通常用于目标识别、图像三维重建、环境感知等研究任务的预处理。图像分割作为计算机视觉、图像处理等领域的一项基础性问题，至今仍是研究的热点之一。

3.5.1　图像分割简介

图像分割算法的分类基础不统一。在选择分割算法时，很大程度上取决于待分割图像的形状、像素分布特征和是否含有特定区域或其他影响分割的因素（如噪声和纹理），这些因素的存在，使得不同的分割算法呈现出不一样的分割效果。国内外广泛使用的图像分割方法主要分为阈值分割、聚类分割、深度学习分割等。阈值分割如大津（Otsu）法，聚类分割如 Mean shift 聚类法，深度学习分割如 DeepLabv3、U-Net、Mask R-CNN 等方法。

深度学习分割法又可以细分为语义分割、实例分割两类。二者的主要区别在于语义分割是指将分属不同物体类别的像素区域分开，并分类出每一块区域的语义；实例分割则是指在语义分割的基础上，对每个物体编号。

语义分割是对一幅图像中同一个类别的像素进行分割，如图 3-36（b）所示，而实例分割是对一幅图像中同类像素的不同实例对象进行分割，如图 3-36（c）所示，原图如图 3-36（a）所示。

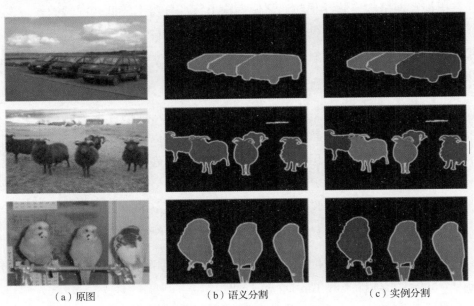

（a）原图　　　　　　　　（b）语义分割　　　　　　　　（c）实例分割

图 3-36　语义分割与实例分割

基于深度学习图像语义分割的卷积神经网络可以简化为编码器–解码器的网络结构。编码器是一个分类网络，通常用来进行训练；解码器在编码器之后，将编码器训练学习到的特征进行映射，以便得到相对应的分类。实例分割则是在语义分割和目标检测的基础上对每个物体进行具体的分割。

常用的语义分割包括基于区域的语义分割、全卷积神经网络语义分割和弱监督语义分割；实例分割包括基于语义分割的方法和基于目标检测的方法。

1. 基于区域的语义分割

对从图像中提取的区域进行描述和分类。首先通过选择性搜索提取目标区域，然后用分类器对每个区域的特征进行划分，达到对每个区域进行分类的目的。与传统图像分割相比，基于区域的语义分割方法把全区域特征和前景特征连接在一起，因此能够应对更复杂的分割任务，获得更好的性能。但是由于基于区域的语义分割算法提取的特征包含的空间信息不足，导致分割边界精度受到极大影响，同时算法耗时较长，降低了语义分割的效率。

2. 全卷积神经网络语义分割

全卷积神经网络语义分割与基于区域的语义分割不同，它没有对区域特征进行提取和分类，而是创建像素到像素的映射。卷积神经网络的全连接层决定网络只能接收固定尺寸的输入，以及输出固定尺寸的预测结果。而全卷积神经网络是经典卷积神经网络的延伸和扩展，用卷积层替换全连接层，使网络可以接收任意尺寸的输入并实现像素级预测。

全卷积神经网络的连续卷积和池化使得输出特征分辨率较低，同时像素与像素之间联系不够紧密，导致空间一致性弱。空间一致性是指图像中的某个点有较大的概率与周围邻域中的点具有相同类别属性。

3. 弱监督语义分割

语义分割通常需要大量的数据，包括原始图像和相对应的像素级标签。手动对图像进行标注耗时长、成本高，导致某些场景的语义分割难以实现。弱监督语义分割同样使用带标注的边界框进行训练，但是这种标注无须达到像素级，因此比对原始图像进行像素级标注更容易。弱监督语义分割的应用场景更广阔，但是由于弱监督语义分割的理论还不够完善，和通常所说的语义分割还具有一定的差距。

4. 实例分割

实例分割兼具语义分割和目标检测的特点，按照解决思路分为基于语义分割的Bottom-Up 和基于目标检测的 Top-Down 方法。

基于语义分割的 Bottom-Up 方法是通过阶段语义分割实现分割对象的实例化。

DeepMask 实例分割算法如图 3-37 所示，总共有 3 个阶段，第 1 个阶段实现图像前景和背景的分割，第 2 个阶段实现前景的语义分割，第 3 个阶段实现前景的实例分割和目标识别。

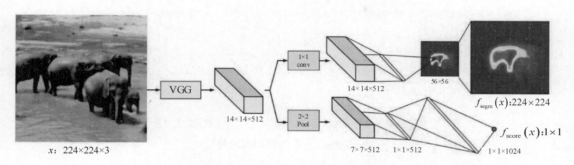

图 3-37　DeepMask 实例分割算法

基于目标检测的 Top-Down 方法则是先通过目标检测找出具体的实例对象，然后将具体的对象区域进行图像分割，从而实现图像分割，如 Mask R-CNN、SOLO 等方法。目前比较主流的实例分割算法为基于目标检测的 Top-Down 方法。相比较而言，不论是精度还是速度，基于目标检测的 Top-Down 方法普遍比基于语义分割的 Bottom-Up 方法表现更好。

3.5.2　图像分割经典算法

图像分割算法发展至今已有许多经典方法，语义分割领域有 FCN、U-Net、DeepLabv3 等方法，实例分割有 DeepMask、Mask R-CNN、SOLO 等方法。本节选取其中比较有代表性的 DeepLabv3+和 Mask R-CNN 进行深入讲解。

卷积神经网络通过卷积不断下采样，对图像进行特征编码，然后通过转置卷积对卷积生成的特征图进行上采样，对特征图实现特征解码，再经过编码-解码的过程后，得到一幅新的分割图像，如图 3-38 所示。

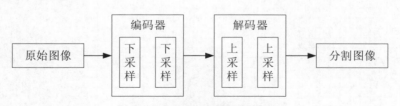

图 3-38　图像编码-解码过程

其中转置卷积也称为反卷积，是一种被较多使用的特征图尺寸恢复技术，其前向运算过程也是卷积操作的反向运算过程。需要注意的是，转置卷积并不是卷积的完全逆运算。反卷积技术能够像卷积运算一样自主学习网络模型的参数值，训练过程中也会消除一些冗余信息，能够弥补上采样或插值算法无法自主学习的缺点。正常卷积过程如图3-39（a）所示，转置卷积过程如图3-39（b）所示。

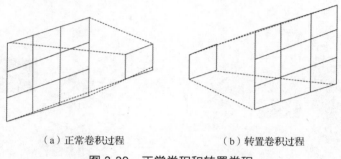

（a）正常卷积过程　　　　　　　　（b）转置卷积过程

图3-39　正常卷积和转置卷积

1. 语义分割 DeepLabv3+

在语义分割的领域，网络结构的模式都是大同小异的，基本遵循编码-解码的思路。首先通过卷积操作获取语义特征信息，图像分辨率越来越小，然后使用反卷积操作将图像分辨率放大到原图大小。

DeepLabv3+主要的创新点在于编码过程中，实现图像下采样时为了提高卷积核的感受野采用了空洞卷积的方式。传统的卷积神经网络针对的任务是图像分类，而应用到语义分割这种密集预测问题，效果并没有显著提高。因为在分割任务中，需要具体分析出图像中每一个像素所属类别，往往需要考虑图像局部区域的上下文信息，而单纯增大卷积核会使整个网络运算量大增。因此费希尔（Fisher）等人在2016年提出了空洞卷积的方法，空洞卷积的结构如图3-40所示，图3-40（a）对应3×3的1阶空洞卷积，和普通的卷积操作一样；图3-40（b）对应3×3的2阶空洞卷积，其感受野相当于7×7的普通卷积，但是卷积核参数依然是3×3；图3-40（c）对应3×3的4阶空洞卷积，其感受野相当于15×15的普通卷积。

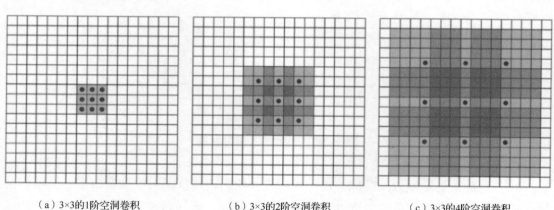

（a）3×3的1阶空洞卷积　　　　（b）3×3的2阶空洞卷积　　　　（c）3×3的4阶空洞卷积

图3-40　空洞卷积结构

为了解决图像目标中的多尺度问题，DeepLabv3+使用空洞空间金字塔池化（Atrous Spatial Pyramid Pooling，ASPP）。ASPP 首先应用带有不同扩张率的空洞卷积和图像特征得到不同尺度的丰富的语义信息。然后将 ASPP 模块的输出与编码器输出进行特征融合，二者能够发挥不同的作用，ASPP 模块的输出主要用于获取多尺度的上下文信息，编码器输出则基于重构空间信息的方式来捕捉物体边界。DeepLabv3+的网络结构如图 3-41 所示。

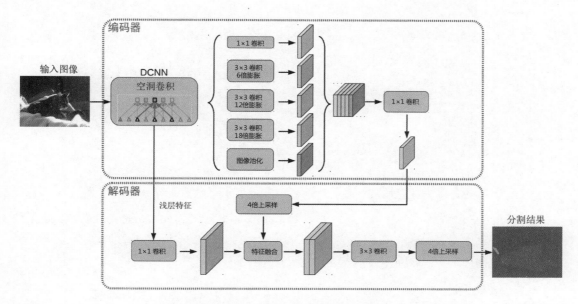

图 3-41 DeepLabv3+网络结构

对于 DeepLabv3+解码模块，首先需要将编码特征进行双线性上采样，然后与主干网络输出的浅层特征进行连接。由于对应的浅层特征往往通道数较多，如 256、512，可能会超过输出编码特征而导致训练困难，因此在连接操作前，采用1×1卷积，对浅层特征进行通道降维操作以减少通道数。特征融合后需要进行进一步处理，处理时选用的是 3×3 的 4 阶空洞卷积实现上采样，得到最终的分割图像。

相较于 DeepLabv3，DeepLabv3+改善了图像分割的效果，提升了图像边界处理的能力。这与 DeepLabv3+中加入的解码模块直接相关。另外，编码–解码结构能够实现对空洞卷积的灵活控制，从而有效地获得编码特征分辨率，使得 DeepLabv3+在精度和效率之间达到了平衡。

通过 Keras 和 TensorFlow 搭建 DeepLabv3+网络，如代码 3-10 所示。

代码 3-10 通过 Keras 和 TensorFlow 搭建 DeepLabv3+网络

```
# 定义 Deeplabv3_plus 网络结构
def deeplabv3_plus(input_shape=(512, 512, 3), out_stride=16, num_classes=21):
    img_input = Input(shape=input_shape)  # 定义网络输入
```

```python
    # 3×3 卷积+BN+ReLU
    x = Conv2D(32, (3, 3), strides=(2, 2), padding='same', use_bias=False)
(img_input)
    x = BatchNormalization()(x)
    x = Activation('relu')(x)


    # 3×3 卷积+BN+ReLU
    x = Conv2D(64, (3, 3), padding='same', use_bias=False)(x)
    x = BatchNormalization()(x)
    x = Activation('relu')(x)


    # 下采样块
    x = res_xception_downsample_block(x, 128)


    # 1×1 卷积+BN 作为残差分支
    res = Conv2D(256, (1, 1), strides=(2, 2), padding='same', use_bias=False)(x)
    res = BatchNormalization()(res)


    # 主卷积分支
    x = Activation('relu')(x)
    # 深度可分离卷积 1
    # 3×3 深度可分离卷积+BN+1×1 卷积+BN+ReLU
    x = DepthwiseConv2D((3, 3), padding='same', use_bias=False)(x)
    x = BatchNormalization()(x)
    x = Conv2D(256, (1, 1), padding='same', use_bias=False)(x)
    x = BatchNormalization()(x)
    x = Activation('relu')(x)


    # 深度可分离卷积 2
    # 3×3 深度可分离卷积+BN+1×1 卷积+BN+ReLU
    x = DepthwiseConv2D((3, 3), padding='same', use_bias=False)(x)
    x = BatchNormalization()(x)
    x = Conv2D(256, (1, 1), padding='same', use_bias=False)(x)
    skip = BatchNormalization()(x)  # 保存用于跳跃连接的特征
```

```
x = Activation('relu')(skip)


# 深度可分离卷积 3
# 3×3 深度可分离卷积+BN+1×1 卷积+BN
x = DepthwiseConv2D((3, 3), strides=(2, 2), padding='same', use_bias=False)(x)
x = BatchNormalization()(x)
x = Conv2D(256, (1, 1), padding='same', use_bias=False)(x)
x = BatchNormalization()(x)
x = add([x, res])   # 融合主卷积特征与残差分支


# 下采样块
x = xception_downsample_block(x, 728, top_relu=True)


# 循环 16 次残差 xception 块
for i in range(16):
    x = res_xception_block(x, 728)


# 1×1 卷积+BN 作为残差分支
res = Conv2D(1024, (1, 1), padding='same', use_bias=False)(x)
res = BatchNormalization()(res)


x = Activation('relu')(x)


# 深度可分离卷积 4
# 3×3 深度可分离卷积+BN+1×1 卷积+BN+ReLU
x = DepthwiseConv2D((3, 3), padding='same', use_bias=False)(x)
x = BatchNormalization()(x)
x = Conv2D(728, (1, 1), padding='same', use_bias=False)(x)
x = BatchNormalization()(x)
x = Activation('relu')(x)


# 深度可分离卷积 5
# 3×3 深度可分离卷积+BN+1×1 卷积+BN+ReLU
x = DepthwiseConv2D((3, 3), padding='same', use_bias=False)(x)
```

```
x = BatchNormalization()(x)

x = Conv2D(1024, (1, 1), padding='same', use_bias=False)(x)

x = BatchNormalization()(x)

x = Activation('relu')(x)


# 深度可分离卷积 6
# 3×3 深度可分离卷积+BN+1×1 卷积+BN
x = DepthwiseConv2D((3, 3), padding='same', use_bias=False)(x)

x = BatchNormalization()(x)

x = Conv2D(1024, (1, 1), padding='same', use_bias=False)(x)

x = BatchNormalization()(x)


x = add([x, res])   # 融合主卷积特征与残差分支


# 深度可分离卷积 7
# 3×3 深度可分离卷积+BN+1×1 卷积+BN+ReLU
x = DepthwiseConv2D((3, 3), padding='same', use_bias=False)(x)

x = BatchNormalization()(x)

x = Conv2D(1536, (1, 1), padding='same', use_bias=False)(x)

x = BatchNormalization()(x)

x = Activation('relu')(x)


# 深度可分离卷积 8
# 3×3 深度可分离卷积+BN+1×1 卷积+BN+ReLU
x = DepthwiseConv2D((3, 3), padding='same', use_bias=False)(x)

x = BatchNormalization()(x)

x = Conv2D(1536, (1, 1), padding='same', use_bias=False)(x)

x = BatchNormalization()(x)

x = Activation('relu')(x)


# 深度可分离卷积 9
# 3×3 深度可分离卷积+BN+1×1 卷积+BN+ReLU
x = DepthwiseConv2D((3, 3), padding='same', use_bias=False)(x)

x = BatchNormalization()(x)
```

```
x = Conv2D(2048, (1, 1), padding='same', use_bias=False)(x)

x = BatchNormalization()(x)

x = Activation('relu')(x)


# ASPP 结构

x = aspp(x, input_shape, out_stride)
# 1×1 卷积+BN+ReLU

x = Conv2D(256, (1, 1), padding='same', use_bias=False)(x)

x = BatchNormalization()(x)

x = Activation('relu')(x)


#解码过程
# 上采样

x = UpSampling2D((4, 4))(x)


# 对前面跳跃的特征进行 1×1 卷积+BN+ReLU

dec_skip = Conv2D(48, (1, 1), padding='same', use_bias=False)(skip)

dec_skip = BatchNormalization()(dec_skip)

dec_skip = Activation('relu')(dec_skip)
# 特征堆叠融合

x = Concatenate()([x, dec_skip])


# 深度可分离卷积 10
# 3×3 深度可分离卷积+BN+1×1 卷积+BN+ReLU

x = DepthwiseConv2D((3, 3), padding='same', use_bias=False)(x)

x = BatchNormalization()(x)

x = Activation('relu')(x)

x = Conv2D(256, (1, 1), padding='same', use_bias=False)(x)

x = BatchNormalization()(x)

x = Activation('relu')(x)


# 深度可分离卷积 1×1
# 3×3 深度可分离卷积+BN+ReLU+1×1 卷积+BN+ReLU

x = DepthwiseConv2D((3, 3), padding='same', use_bias=False)(x)
```

```
x = BatchNormalization()(x)

x = Activation('relu')(x)

x = Conv2D(256, (1, 1), padding='same', use_bias=False)(x)

x = BatchNormalization()(x)

x = Activation('relu')(x)


# 1×1 卷积完成图像分割

x = Conv2D(num_classes, (1, 1), padding='same')(x)

# 对分割结果进行上采样

x = UpSampling2D((4, 4))(x)


model = Model(img_input, x)   # 构建网络模型

return model
```

代码详见：./3.5　图像分割/code/3.5.2.1　deeplabv3.py。

2.　实例分割 Mask R-CNN

Mask R-CNN 是一种实例分割算法。该算法对 Faster R-CNN 进行扩展，在图像中每个感兴趣区域（Region of Interest，ROI）上添加一个用于预测分割掩码的分支，与 Faster R-CNN 原有的分类和回归分支并行。Mask R-CNN 的基本结构如图 3-42 所示。与 Faster R-CNN 不同的是，Mask R-CNN 算法对 ROI 使用 ROIAlign 矫正。ROIAlign 是为了修正偏差而提出的一个简单、量化的自由层，以保留精确的空间位置。

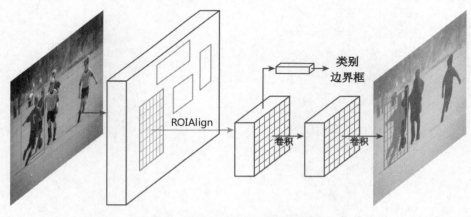

图 3-42　Mask R-CNN 的基本结构

Faster R-CNN 使用 ROI Pooling 实现了 ROI 从原图区域到卷积区域的映射，并将特征池化到固定大小，最终将输入区域的尺寸归一化成卷积网络的输入尺寸。在归一化的

过程中，会出现 ROI 和提取特征不重合的现象，从而导致特征丢失。为了解决这一问题，在 Mask R-CNN 中提出了 ROIAlign 的概念，使用 ROIAlign 层对提取的特征和输入的感兴趣区域进行校准，即采用双线性内插法计算在 ROI 中固定的 4 个采样位置得到的输入特征值，并对结果进行融合得到矫正后的 ROI，然后对每一个 ROI 通过全卷积神经网络预测不同实例所属的分类，最终得到兴趣目标实例分割的结果。

Mask R-CNN 的网络结构如图 3-43 所示，可以分为 2 个分支。第 1 个分支是原始 Faster R-CNN，第 2 个分支是 FCN。

FCN 作为第 2 分支，作用是将 Faster R-CNN 检测到的候选区域先进行像素矫正，然后添加掩膜并对其进行分割。FCN 的输入为经过像素矫正后的 ROI 特征图，输出目标的掩膜矩阵。

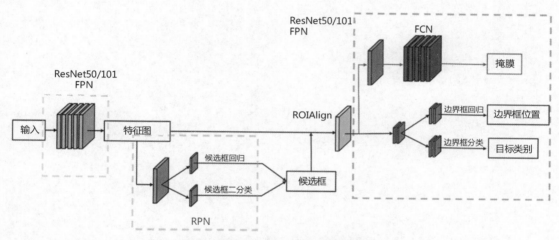

图 3-43　Mask R-CNN 的网络结构

通过 Keras 和 TensorFlow 搭建的 Mask R-CNN，如代码 3-11 所示。

代码 3-11　通过 Keras 和 TensorFlow 搭建 Mask R-CNN

```
def get_train_model(config):
    h, w = config.IMAGE_SHAPE[:2]
    # 检查传入参数
    if h / 2 ** 6 != int(h / 2 ** 6) or w / 2 ** 6 != int(w / 2 ** 6):
            raise Exception('Image size must be dividable by 2 at least 6 times '
                            'to avoid fractions when downscaling and upscaling.'
                            'For example, use 256, 320, 384, 448, 512, ... etc. ')

    # 输入图像必须是 2 的 6 次方以上的倍数
    input_image = Input(shape=[None, None, config.IMAGE_SHAPE[2]],
```

```
name='input_image')
    # meta 包含一些必要信息
    input_image_meta = Input(shape=[config.IMAGE_META_SIZE], name=
'input_image_meta')

    # RPN 建议框网络的真实框信息
    input_rpn_match = Input(
        shape=[None, 1], name='input_rpn_match', dtype=tf.int32)
    input_rpn_bbox = Input(
        shape=[None, 4], name='input_rpn_bbox', dtype=tf.float32)

    # 种类信息
    input_gt_class_ids = Input(shape=[None], name='input_gt_class_ids',
dtype=tf.int32)

    # 框的位置信息
    input_gt_boxes = Input(shape=[None, 4], name='input_gt_boxes', dtype=
tf.float32)

    # 标准化到 0 ~ 1
    gt_boxes = Lambda(lambda x: norm_boxes_graph(x, K.shape(input_image)
[1:3]))(input_gt_boxes)

    # 掩膜语义分析信息
    # [batch, height, width, MAX_GT_INSTANCES]
    if config.USE_MINI_MASK:
        input_gt_masks = Input(shape=[config.MINI_MASK_SHAPE[0],
        config.MINI_MASK_SHAPE[1], None], name='input_gt_masks', dtype=bool)
    else:
        input_gt_masks = Input(shape=[config.IMAGE_SHAPE[0], config.IMAGE_
SHAPE[1], None],name='input_gt_masks',dtype=bool)

    # 获得 ResNet 里压缩程度不同的一些层
    _, C2, C3, C4, C5 = get_resnet(input_image, stage5=True, train_bn=
```

```
config.TRAIN_BN)

    # 组合成特征金字塔的结构
    # P5 长宽相较于原图像共对半压缩 5 次
    # Height/32,Width/32,256
    P5 = Conv2D(config.TOP_DOWN_PYRAMID_SIZE, (1, 1), name='fpn_c5p5')(C5)
    # P4 长宽相较于原图像共对半压缩 4 次
    # Height/16,Width/16,256
    P4 = Add(name='fpn_p4add')([
        UpSampling2D(size=(2, 2), name='fpn_p5upsampled')(P5),
        Conv2D(config.TOP_DOWN_PYRAMID_SIZE, (1, 1), name='fpn_c4p4')(C4)])
    # P3 长宽相较于原图像共对半压缩 3 次
    # Height/8,Width/8,256
    P3 = Add(name='fpn_p3add')([
        UpSampling2D(size=(2, 2), name='fpn_p4upsampled')(P4),
        Conv2D(config.TOP_DOWN_PYRAMID_SIZE, (1, 1), name='fpn_c3p3')(C3)])
    # P2 长宽相较于原图像共对半压缩 2 次
    # Height/4,Width/4,256
    P2 = Add(name='fpn_p2add')([
        UpSampling2D(size=(2, 2), name='fpn_p3upsampled')(P3),
        Conv2D(config.TOP_DOWN_PYRAMID_SIZE, (1, 1), name='fpn_c2p2')(C2)])


    # 各自进行一次 256 通道的卷积，此时 P2、P3、P4、P5 通道数相同
    # Height/4,Width/4,256
    P2 = Conv2D(config.TOP_DOWN_PYRAMID_SIZE, (3, 3), padding='SAME',
name='fpn_p2')(P2)
    # Height/8,Width/8,256
    P3 = Conv2D(config.TOP_DOWN_PYRAMID_SIZE, (3, 3), padding='SAME',
name='fpn_p3')(P3)
    # Height/16,Width/16,256
    P4 = Conv2D(config.TOP_DOWN_PYRAMID_SIZE, (3, 3), padding='SAME',
name='fpn_p4')(P4)
    # Height/32,Width/32,256
    P5 = Conv2D(config.TOP_DOWN_PYRAMID_SIZE, (3, 3), padding='SAME',
```

```
name='fpn_p5')(P5)
    # 在建议框网络里面还有一个 P6 用于获取建议框
    # Height/64,Width/64,256
    P6 = MaxPooling2D(pool_size=(1, 1), strides=2, name='fpn_p6')(P5)


    # P2、P3、P4、P5、P6 可以用于获取建议框
    rpn_feature_maps = [P2, P3, P4, P5, P6]
    # P2、P3、P4、P5 用于获取掩膜信息
    mrcnn_feature_maps = [P2, P3, P4, P5]


    anchors = get_anchors(config, config.IMAGE_SHAPE)
    # 拓展 anchors 的形状，第一个维度拓展为 batch_size
    anchors = np.broadcast_to(anchors, (config.BATCH_SIZE,) + anchors.shape)
    # 将 anchors 转化成张量的形式
    anchors = Lambda(lambda x: tf.Variable(anchors), name='anchors')
(input_image)
    # 建立 RPN 模型
    rpn = build_rpn_model(len(config.RPN_ANCHOR_RATIOS), config.TOP_DOWN_
PYRAMID_SIZE)


    rpn_class_logits, rpn_class, rpn_bbox = [], [], []


    # 获得 RPN 的预测结果，进行格式调整，把 5 个特征层的结果进行堆叠
    for p in rpn_feature_maps:
        logits, classes, bbox = rpn([p])
        rpn_class_logits.append(logits)
        rpn_class.append(classes)
        rpn_bbox.append(bbox)


    rpn_class_logits = Concatenate(axis=1, name='rpn_class_logits')
(rpn_class_logits)
    rpn_class = Concatenate(axis=1, name='rpn_class')(rpn_class)
    rpn_bbox = Concatenate(axis=1, name='rpn_bbox')(rpn_bbox)
```

```
# 此时获得的 rpn_class_logits、rpn_class、rpn_bbox 的维度
# rpn_class_logits : Batch_size, num_anchors, 2
# rpn_class : Batch_size, num_anchors, 2
# rpn_bbox : Batch_size, num_anchors, 4
proposal_count = config.POST_NMS_ROIS_TRAINING


# Batch_size, proposal_count, 4
rpn_rois = ProposalLayer(
    proposal_count=proposal_count,
    nms_threshold=config.RPN_NMS_THRESHOLD,
    name='ROI',
    config=config)([rpn_class, rpn_bbox, anchors])


active_class_ids = Lambda(
    lambda x: parse_image_meta_graph(x)['active_class_ids'])
(input_image_meta)


if not config.USE_RPN_ROIS:
    # 使用外部输入的建议框
    input_rois = Input(shape=[config.POST_NMS_ROIS_TRAINING, 4],
                        name='input_roi', dtype=np.int32)
    # Normalize coordinates
    target_rois = Lambda(lambda x: norm_boxes_graph(
        x, K.shape(input_image)[1:3]))(input_rois)
else:
    # 利用预测到的建议框进行下一步的操作
    target_rois = rpn_rois


# 找到建议框的 ground_truth
rois, target_class_ids, target_bbox, target_mask = \
    DetectionTargetLayer(config, name='proposal_targets')([
        target_rois, input_gt_class_ids, gt_boxes, input_gt_masks])


# 找到合适的建议框的 classifier 预测结果
```

```
    mrcnn_class_logits, mrcnn_class, mrcnn_bbox = \
        fpn_classifier_graph(rois, mrcnn_feature_maps, input_image_meta,
                            config.POOL_SIZE, config.NUM_CLASSES,
                            train_bn=config.TRAIN_BN,
                            fc_layers_size=config.FPN_CLASSIF_FC_LAYERS_SIZE)
    # 找到合适的建议框的掩膜预测结果
    mrcnn_mask = build_fpn_mask_graph(rois, mrcnn_feature_maps,
                                    input_image_meta,
                                    config.MASK_POOL_SIZE,
                                    config.NUM_CLASSES,
                                    train_bn=config.TRAIN_BN)

    output_rois = Lambda(lambda x: x * 1, name='output_rois')(rois)


    # 声明各个损失
    rpn_class_loss = Lambda(lambda x: rpn_class_loss_graph(*x), name=
'rpn_class_loss')([input_rpn_match, rpn_class_logits])
    rpn_bbox_loss = Lambda(lambda x: rpn_bbox_loss_graph(config, *x), name=
'rpn_bbox_loss')([input_rpn_bbox, input_rpn_match, rpn_bbox])
    class_loss = Lambda(lambda x: mrcnn_class_loss_graph(*x), name=
'mrcnn_class_loss')([target_class_ids, mrcnn_class_logits, active_class_ids])
    bbox_loss = Lambda(lambda x: mrcnn_bbox_loss_graph(*x), name=
'mrcnn_bbox_loss')([target_bbox, target_class_ids, mrcnn_bbox])
    mask_loss = Lambda(lambda x: mrcnn_mask_loss_graph(*x), name=
'mrcnn_mask_loss')([target_mask, target_class_ids, mrcnn_mask])


    # 构建模型
    inputs = [input_image, input_image_meta,input_rpn_match, input_rpn_bbox,
input_gt_class_ids,input_gt_boxes, input_gt_masks]

    if not config.USE_RPN_ROIS:
        inputs.append(input_rois)
    outputs = [rpn_class_logits, rpn_class, rpn_bbox,mrcnn_class_logits,
mrcnn_class, mrcnn_bbox, mrcnn_mask,rpn_rois, output_rois,rpn_class_loss,
```

```
rpn_bbox_loss, class_loss, bbox_loss, mask_loss]
    model = Model(inputs, outputs, name='mask_rcnn')


    return model
```

代码详见：./3.5 图像分割/code/3.5.2.2 MaskRCNN.py。

3.5.3 训练图像分割网络

本节使用 COCO 2017 数据集训练 DeepLabv3+和 Mask R-CNN。MS COCO（Microsoft Common Objects in Context）由微软在 2014 年出资标注而成，COCO 竞赛与 ImageNet 国际计算机视觉挑战赛一同被视为计算机视觉领域比较受关注和权威的比赛。

COCO 2017 数据集是一个评估计算机视觉模型性能的数据集。数据集以场景理解为目标，主要从复杂的日常场景中截取，图像中的目标通过精确的分割进行位置的标定。图像包括 328000 幅影像和 2500000 个标注。目前为止，COCO 2017 数据集是语义分割的最大数据集，提供的类别有 80 类，有超过 33 万张图片，其中 20 万张有标注，整个数据集中个体的数目超过 150 万个。COCO 2017 数据集的图像分类、目标检测、语义分割、实例分割标注结果如图 3-44 所示。

图像分类标注结果

目标检测标注结果

语义分割标注结果

实例分割标注结果

图 3-44 COCO 数据集标注效果

相较 ImageNet 数据集而言，COCO 2017 数据集分类较少，但是每个分类的实例对象比 ImageNet 数据集多。COCO 2017 数据集有 91 个分类，其中 82 个分类都有超过 5000 个实例对象，有助于模型更好地学习每个对象的位置信息，在每个类别的对象数目上也是远远超过 PASCAL VOC 数据集。与其他数据集相比，COCO 2017 数据集有更多的对象场景图像，有助于显著提升模型学习细节的能力。COCO 2017 数据集目录如图 3-45 所示，本节使用训练集 train2017 和验证集 val2017 来训练模型。

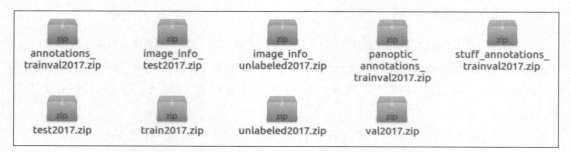

图 3-45　COCO 2017 数据集目录

COCO 2017 数据集的标注格式如下。

```
annotation{
    "id"                :int,
    "image_id"          :int,
    "category_id"       :int,
    "segmentation"      :RLE or [polygon],
    "area"              :float,
    "bbox"              :[x,y,width,height],
    "iscrowd"           :0 or 1,
}


categories[{
    "id"                : int,
    "name"              : str,
    "supercategory"     : str,
}]
```

通过 COCO 2017 数据集训练 Mask R-CNN，如代码 3-12 所示。

代码 3-12　通过 COCO 2017 数据集训练 Mask R-CNN

```
# 训练 Mask R-CNN

if __name__ == '__main__':
```

```
config = CocoConfig()   # 声明配置信息实例


learning_rate = 1e-5  # 定义学习率

init_epoch = 0  # 定义初始周期为 0

epoch = 100  # 定义训练周期数


MODEL_DIR = 'logs'   # 训练模型保存路径


DEFAULT_LOGS_DIR = 'logs'   # 定义默认的日志存放路径

DEFAULT_DATASET_YEAR = '2017'   # 定义默认使用 COCO 2017 数据集用于训练


model = get_train_model(config)   # 构建网络模型


# 训练集加载

dataset_train = CocoDataset()

dataset_train.load_coco('../06data/mscoco2017', 'train', year=2017)

dataset_train.prepare()


# 验证集加载

dataset_val = CocoDataset()

dataset_train.load_coco('../06data/mscoco2017', 'train', year=2017)

dataset_val.prepare()


augmentation = imgaug.augmenters.Fliplr(0.5)


# 数据生成器

train_generator = data_generator(dataset_train, config, shuffle=True,
                batch_size=config.BATCH_SIZE)  # 获取训练数据生成器

val_generator = data_generator(dataset_val, config, shuffle=True,
                batch_size=config.BATCH_SIZE)  # 获取验证数据生成器


# 回调函数
# 每次训练都会保存

callbacks = [
```

```
            tf.keras.callbacks.TensorBoard(log_dir=MODEL_DIR,
                    histogram_freq=0, write_graph=True, write_images=False),
            tf.keras.callbacks.ModelCheckpoint(os.path.join(MODEL_DIR,
                    'epoch{epoch:03d}_loss{loss:.3f}_val_loss{val_loss:.3f}.h5'),
                        verbose=0, save_weights_only=True),
        ]

        log('\nStarting at epoch {}. LR={}\n'.format(init_epoch, learning_rate))
        log('Checkpoint Path: {}'.format(MODEL_DIR))

        # 使用的优化器
        optimizer = tf.keras.optimizers.Adam(lr=learning_rate)

        # 设置损失信息
        model._losses = []  # 设置损失信息列表
        model._per_input_losses = {}
        loss_names = [
            'rpn_class_loss', 'rpn_bbox_loss',
            'mrcnn_class_loss', 'mrcnn_bbox_loss', 'mrcnn_mask_loss'] # 声明
损失名称列表
        for name in loss_names:
            layer = model.get_layer(name)  # 通过损失名称获取损失层
            if layer.output in model.losses:  # 如果该损失层输出在模型的损失中
                continue
            loss = (
                tf.reduce_mean(layer.output, keepdims=True)
                * config.LOSS_WEIGHTS.get(name, 1.)) # 否则计算该层损失
            model.add_loss(loss) # 将该层损失添加到模型损失中

        # 增加 L2 正则化，防止过拟合
        reg_losses = [
            tf.keras.regularizers.l2(config.WEIGHT_DECAY)(w) / tf.cast(tf.
size(w), tf.float32)
            for w in model.trainable_weights
```

```python
                 if 'gamma' not in w.name and 'beta' not in w.name]
model.add_loss(tf.add_n(reg_losses))   # 添加正则化损失到模型损失中


# 进行编译
model.compile(
    optimizer=optimizer,
    loss=[None] * len(model.outputs)
)


# 用于显示训练情况
for name in loss_names:
    if name in model.metrics_names:  # 如果该名称在模型训练监控信息中
        print(name)
        continue
    layer = model.get_layer(name)  # 否则通过损失名称获取损失层
    model.metrics_names.append(name)  # 模型训练监控该损失信息
    loss = (
            tf.reduce_mean(layer.output, keepdims=True)
            * config.LOSS_WEIGHTS.get(name, 1.))  # 计算该层损失
    model.metrics_tensors.append(loss)  # 将该损失加入监控张量中


# 模型训练
model.fit_generator(
    train_generator,
    initial_epoch=init_epoch,
    epochs=epoch,
    steps_per_epoch=config.STEPS_PER_EPOCH,
    callbacks=callbacks,
    validation_data=val_generator,
    validation_steps=config.VALIDATION_STEPS,
    max_queue_size=100
)
```

代码详见：./3.5　图像/code/train_maskrcnn.py。

深度学习与计算机视觉实战

实例分割网络训练日志如图 3-46 所示。由于 Mask R-CNN 参数较多，如果采用随机初始化的参数进行训练，模型难以达到收敛，因此采用预训练模型进行初始化。从最终的训练损失可以看出，总损失、分类损失、边界框损失是呈下降趋势，而分割损失有略微增加，因为原始预训练模型的参数已经经过优化。

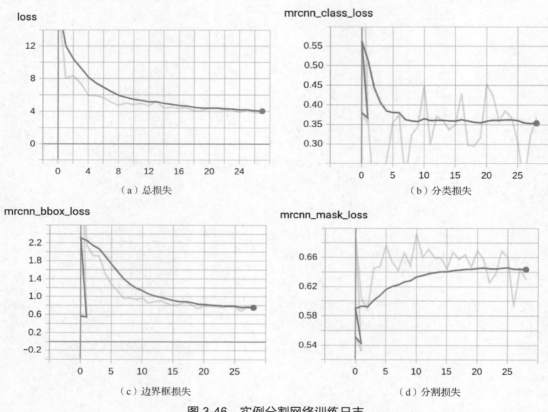

图 3-46 实例分割网络训练日志

3.6 图像生成

深度学习的模型可大致分为判别式模型和生成式模型。目前，深度学习取得的成果主要集中在判别式模型，即将一个高维的感官输入映射为一个类别标签，这些成果主要归功于反向传播（Back Propagation，BP）算法和 Dropout 算法对模型的训练。著名物理学家理查德（Richard）指出，要想真正理解一样东西，需要能够将其创造出来。因此，要想令机器理解现实世界，并基于此进行推理与创造，从而实现真正的人工智能，必须使机器能够通过观测现实世界的样本，学习其内在统计规律，并基于此生成类似样本。能够反映数据内在概率分布规律并生成全新数据的模型称为生成式模型。

生成式模型的训练是一个极具挑战的机器学习问题,主要体现在以下两点。

(1)对真实世界进行建模需要大量先验知识,建模的质量直接影响生成式模型的性能。

(2)真实世界的数据往往非常复杂,拟合模型所需的计算量往往非常庞大。

针对上述两大困难,2014 年 OpenAI 的古德费洛(Goodfellow)等人提出一种新型生成式模型——生成对抗网络(Generative Adversarial Network,GAN)。GAN 开创性地使用对抗训练机制对 2 个神经网络进行训练,并使用随机梯度下降实现优化。这避免了反复应用马尔可夫链学习机制带来的配分函数计算,不需积分变下限也不需近似推断,从而大大提高了应用效率。从 GAN 提出至今,其关注和研究热度不断上升,其应用也从学术界延伸至工业界。GAN 作为一种能够自动生成期望的数据集的技术,能够弥补训练数据不足的缺陷,因而对深度学习意义重大。

3.6.1 图像生成简介

GAN 的出现为非监督学习带来了希望,GAN 的思想源于博弈论中的"二人零和博弈"问题。零和博弈又称零和游戏,是博弈论的一个概念,属于非合作博弈,指的是参与博弈的双方收益和损失相加总和永远为"零",一方的收益等于另一方的损失。根据零和博弈的思想,可以将生成问题转化为判别器网络和生成器网络两者之间的对抗问题。

GAN 的原理如图 3-47 所示,GAN 中包含一对相互对抗的网络:判别器 D 和生成器 G。判别器 D 和生成器 G 都是非线性映射函数,都通过反向传播算法进行训练。

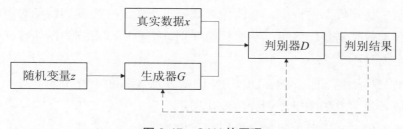

图 3-47 GAN 的原理

从一个任意的分布采样出随机噪声 z,将 z 作为生成器 G 的输入,生成器 G 通过学习真实数据 x 的分布输出生成的数据 $G(z)$。判别器 D 的目的是正确区分真实数据 x 和生成数据 $G(z)$,从而最大化判别准确率。为了在博弈中胜出,二者需不断提高各自的判别能力和生成能力,相互对抗更新迭代,直到达到一个纳什均衡,即判别器 D 已经无法区分生成器 G 生成的数据 $G(z)$ 与真实数据 x,对两者的判断输出都是 0.5,并且生成器已经学习到真实数据的分布,能够生成几乎真实的数据。

用公式表示 GAN 的对抗学习如式(3-13)所示。

$$\min_{G} \max_{D} V(D,G) = E_{x \sim P_{\text{data}}} [\log D(x)] + E_{z \sim P_z} [\log(1 - D(G(z)))] \tag{3-13}$$

在式（3-13）中，P_{data} 是真实数据的分布，x 是从 P_{data} 分布采样的值，P_z 表示任意噪声分布，z 是从 P_z 分布采样的值，E 表示期望值。在实际训练的过程中，通过迭代的方式交叉优化判别器 D 和生成器 G。首先固定生成器 G 并优化判别器 D；再固定判别器 D 优化生成器 G。当判别器 D 对生成数据 $G(z)$ 与真实数据 x 的预测值相等时，达到全局最优。

对于固定的生成器 G，判别器 D 的最优点如式（3-14）所示。

$$D_G^*(x) = \frac{P_r(x)}{P_r(x) + P_g(x)} \tag{3-14}$$

在式（3-14）中，$P_r(x)$ 为真值数据预测概率值，$P_g(x)$ 为生成数据预测概率值。给定判别器 $D_G^*(x)$，当且仅当 $P_g(x) = P_r(x)$ 时，生成器 G 达到最优。

3.6.2　图像生成经典算法

GAN 经过多年的发展衍生出了许多改进版，本节主要介绍 GAN 在发展过程中的一些经典变体。

1. 深度卷积生成对抗网络

虽然卷积神经网络在监督学习领域的一些任务中得到很好的应用，但在无监督学习领域的效果却并不明显。在监督下的 GAN 与无监督下的 GAN 相结合成了深度卷积生成式对抗网络（Deep Convolutional Generative Adversarial Network，DCGAN）。

卷积神经网络模型对传统 GAN 模型的意义在于为 CNN 的网络拓扑结构设置了一系列的条件限制来稳定模型的训练。在图像处理技术当中，一般利用特征对图像种类进行分类，对比分类效果与预期效果，从而检验在训练过程中学习到的图像特征是否是源自卷积过滤的定向分析。

相较于 GAN 或者普通 CNN，DCGAN 的改进包含以下 4 个方面。

（1）生成器使用卷积和反卷积代替池化层。

（2）在生成器和判别器中添加了批标准化操作。

（3）生成器的输出层使用 Tanh 激活函数，其他层使用 ReLU 激活函数。

（4）判别器的所有层都使用 LeakyReLU 激活函数。

通过 Keras 和 TensorFlow 搭建的 DCGAN，如代码 3-13 所示。

代码 3-13　通过 Keras 和 TensorFlow 搭建 DCGAN

```python
class DCGAN():

    def __init__(self):

        # 输入形状

        self.img_rows = 28
```

```
        self.img_cols = 28
        self.channels = 1
        self.img_shape = (self.img_rows, self.img_cols, self.channels)


        self.num_classes = 10  # 类别数
        self.latent_dim = 100
        # Adam 优化器
        optimizer = Adam(0.0002, 0.5)
        # 实例化判别器
        self.discriminator = self.build_discriminator()
        self.discriminator.compile(loss=['binary_crossentropy'],
            optimizer=optimizer,
            metrics=['accuracy'])
        # 实例化生成器网络
        self.generator = self.build_generator()


        # conbined 变量是生成网络模型和判别网络模型的结合
        # 判别器网络与停止训练
        # 用于训练生成器
        z = Input(shape=(self.latent_dim, ))
        img = self.generator(z)


        self.discriminator.trainable = False


        valid = self.discriminator(img)


        self.combined = Model(z, valid)
        self.combined.compile(loss='binary_crossentropy',
optimizer=optimizer)


    # 构建生成器网络结构
    def build_generator(self):


        model = Sequential()
```

```python
    # 先全连接到 32×7×7 的维度上
    model.add(Dense(32 * 7 * 7, activation='relu', input_dim=
self.latent_dim))
    # 改变维度成特征层的样式
    model.add(Reshape((7, 7, 32)))


    # 3×3 卷积+BN+Relu
    # 7×7×64
    model.add(Conv2D(64, kernel_size=3, padding='same'))
    model.add(BatchNormalization(momentum=0.8))
    model.add(Activation('relu'))


    # 上采样+3×3 卷积+BN+ReLU
    # 7×7×64 到 14×14×64
    model.add(UpSampling2D())
    model.add(Conv2D(128, kernel_size=3, padding='same'))
    model.add(BatchNormalization(momentum=0.8))
    model.add(Activation('relu'))
    # 上采样+3×3 卷积+BN+ReLU
    # 14×14×128 到 28×28×64
    model.add(UpSampling2D())
    model.add(Conv2D(64, kernel_size=3, padding='same'))
    model.add(BatchNormalization(momentum=0.8))
    model.add(Activation('relu'))


    # 3×3 卷积+Tanh
    # 28×28×64 到 28×28×1
    model.add(Conv2D(self.channels, kernel_size=3, padding='same'))
    model.add(Activation('tanh'))


    model.summary()   # 输出网络结构


    noise = Input(shape=(self.latent_dim,))   # 定义生成器输入
    img = model(noise)
```

```
        return Model(noise, img)


def build_discriminator(self):


    model = Sequential()


    # 28×28×1 到 14×14×32
    # 3×3 卷积+BN+LeakyReLU
    model.add(Conv2D(32, kernel_size=3, strides=2,
                     input_shape=self.img_shape, padding='same'))
    model.add(BatchNormalization(momentum=0.8))
    model.add(LeakyReLU(alpha=0.2))


    # 14×14×32 到 7×7×64
    # 3×3 卷积+BN+LeakyReLU
    model.add(Conv2D(64, kernel_size=3, strides=2, padding='same'))
    model.add(BatchNormalization(momentum=0.8))
    model.add(LeakyReLU(alpha=0.2))


    # ZeroPadding+3×3 卷积+BN+LeakyReLU
    # 7×7×64 到 4×4×128
    model.add(ZeroPadding2D(((0,1),(0,1))))
    model.add(Conv2D(128, kernel_size=3, strides=2, padding='same'))
    model.add(BatchNormalization(momentum=0.8))
    model.add(LeakyReLU(alpha=0.2))


    # 全局平均池化
    model.add(GlobalAveragePooling2D())
    # 全连接
    model.add(Dense(1, activation='sigmoid'))


    model.summary()  # 输出网络结构
```

```
        img = Input(shape=self.img_shape)  # 定义判别器输入
        validity = model(img)


        return Model(img, validity)
```

代码详见：./3.6　图像生成/code/3.6.2.1　DCGAN.py。

2. 条件生成对抗网络

相对于其他几种常见的网络模型，原始的 GAN 在训练中对数据分布并没有具体要求，甚至不需要某种特定数据分布，而是对某种数据分布进行直接采样，通过训练生成器最终生成的伪图像样本达到以假乱真的目的，这也是 GAN 的最大特点和优势。然而，原始的 GAN 不需要建立模型使得训练没有约束，导致模型缺乏针对性，所以在生成像素较高的图像时，模型效果不理想。为了让 GAN 在训练中具有针对性，并且向着训练目标有方向性的发展，需要在模型的训练中增加一些必要的约束，基于这个想法引出了条件生成对抗网络（Conditional Generative Adversarial Network，CGAN）。

CGAN 是在原始的 GAN 基础上的拓展，在生成器 G 和判别器 D 的建模时都加入一个条件变量 y，通过变量 y 在模型中增加一个条件变量，利用约束数据控制模型的训练，最终引导伪约束数据的产生。模型中的条件变量并没有某种特定的约束，该条件可以表示任何信息，例如类别信息，又或者其他种类的数据，在不同的场景具有不同的意义。因此 CGAN 是 GAN 从无监督到有监督的转变产物。

通过 Keras 和 TensorFlow 搭建的 CGAN，如代码 3-14 所示。

代码 3-14　通过 Keras 和 TensorFlow 搭建 CGAN

```
class CGAN():

    def __init__(self):
        # 输入形状
        self.img_rows = 28
        self.img_cols = 28
        self.channels = 1
        self.img_shape = (self.img_rows, self.img_cols, self.channels)


        self.num_classes = 10  # 类别数
        self.latent_dim = 100
        # Adam 优化器
        optimizer = Adam(0.0002, 0.5)
```

```python
        # 实例化判别器
        losses = ['binary_crossentropy', 'sparse_categorical_crossentropy']
        self.discriminator = self.build_discriminator()
        self.discriminator.compile(loss=losses,optimizer=optimizer,
metrics=['accuracy'])


        # 实例化生成器
        self.generator = self.build_generator()


        # Conbined 变量是生成器和判别器的结合
        # 判别器先停止训练
        # 用于训练生成器
        noise = Input(shape=(self.latent_dim, ))   # 生成器输入
        label = Input(shape=(1, ))
        img = self.generator([noise, label])
        self.discriminator.trainable = False
        valid, target_label = self.discriminator(img)


        self.combined = Model([noise, label], [valid, target_label])
        self.combined.compile(loss=losses,
                                    optimizer=optimizer)


    # 构建生成器网络结构
    def build_generator(self):


        model = Sequential()


        # 全连接+LeakyReLU+BN
        model.add(Dense(256, input_dim=self.latent_dim))
        model.add(LeakyReLU(alpha=0.2))
        model.add(BatchNormalization(momentum=0.8))


        # 全连接+LeakyReLU+BN
        model.add(Dense(512))
```

深度学习与计算机视觉实战

```python
        model.add(LeakyReLU(alpha=0.2))
        model.add(BatchNormalization(momentum=0.8))

        # 全连接+LeakyReLU+BN
        model.add(Dense(1024))
        model.add(LeakyReLU(alpha=0.2))
        model.add(BatchNormalization(momentum=0.8))

        # 全连接+Tanh
        model.add(Dense(np.prod(self.img_shape), activation='tanh'))
        # reshape
        model.add(Reshape(self.img_shape))

        # 输入一个数字，将其转换为固定尺寸的稠密向量
        # 输出维度是 self.latent_dim
        label = Input(shape=(1, ), dtype='int32')
        # 嵌入层+拉直
        label_embedding = Flatten()(Embedding(self.num_classes,
                                    self.latent_dim)(label))

        noise = Input(shape=(self.latent_dim, ))  # 定义生成器输入
        # 将正态分布噪声和索引对应的稠密向量相乘
        model_input = multiply([noise, label_embedding])

        img = model(model_input)

        return Model([noise, label], img)

    # 构建判别器网络结构
    def build_discriminator(self):

        model = Sequential()
        # 图像拉直
        model.add(Flatten(input_shape=self.img_shape))
```

140

```
        # 全连接+LeakyReLU
model.add(Dense(512))

model.add(LeakyReLU(alpha=0.2))


        # 全连接+LeakyReLU+Dropout
model.add(Dense(512))

model.add(LeakyReLU(alpha=0.2))

model.add(Dropout(0.4))


        # 全连接+LeakyReLU+Dropout
model.add(Dense(512))

model.add(LeakyReLU(alpha=0.2))

model.add(Dropout(0.4))


img = Input(shape=self.img_shape)  # 定义判别器网络输入


features = model(img)
# 一个是真伪，一个是类别向量
validity = Dense(1, activation='sigmoid')(features)

label = Dense(self.num_classes, activation='softmax')(features)


return Model(img, [validity, label])
```

代码详见：./3.6　图像生成/code/3.6.2.2　CGAN.py。

3. 沃瑟斯坦生成对抗网络

虽然 GAN 已经有了很大的进步，但是依然有训练不稳定和模型崩溃等问题。训练困难、生成器和判别器的损失函数无法指示训练进程、生成样本缺乏多样性等问题严重阻碍了 GAN 的发展。

原始的 GAN 中判别器的目的是最小化损失函数，如式（3-14）所示，尽可能把真实样本分为正例，生成样本分为负例，但是存在以下两个问题。

（1）判别器越好，生成器梯度消失越严重。

（2）在生成器的损失函数最小化的过程中，梯度在逐渐消失。

尽管大量研究人员一直在研究解决问题的方法，依旧没有很好的效果，例如，DCGAN 通过判别器和生成器进行实验枚举，最终得到效果最优的网络架构配置，可依然没有从根本解决问题。

沃瑟斯坦生成对抗网络（Wasserstein Generative Adversarial Network，WGAN）使用沃瑟斯坦（Wasserstein）距离来代替 DCGAN 采用的损失度量方法。沃瑟斯坦距离的好处在于即使 P_r 和 P_g 的分布没有重叠，依然能够度量两者的距离。沃瑟斯坦距离的计算公式如式（3-15）所示。

$$W(P_r \| P_g) = \inf_{\gamma \in \Pi(P_r, P_g)} E_{(x,y)\sim\gamma}[\| x - y \|] \tag{3-15}$$

其中 $\gamma \in \Pi(P_r, P_g)$ 表示 P_r 和 P_g 两种分布能够组成集合的所有情况，每一种情况的联合分布 γ 可以通过 $(x,y)\sim\gamma$ 分布采样来分析真实样本和生成样本，并计算出距离。可以计算出该联合分布 γ 下样本对距离的期望值 $E_{(x,y)\sim\gamma}[\| x - y \|]$，而沃瑟斯坦距离就是所有的分布组合当中 $E_{(x,y)\sim\gamma}[\| x - y \|]$ 的下界。

可以得到 WGAN 训练生成器 G 和判别器 D 的优化问题如式（3-16）所示。

$$\min_G \max_D V_{\mathrm{WGAN}}(D,G) = E_x[D(x)] + E_z[D(G(z))] + \lambda E_{\hat{x}}[(\| \nabla_{\hat{x}}[\nabla_{\hat{x}}D(\hat{x})] \|_2 - 1)^2] \tag{3-16}$$

在式（3-16）中，前两项执行沃瑟斯坦距离估计，最后一项是网络正则化的梯度惩罚项。与原始 GAN 相比，WGAN 去掉损失中的对数函数，同时也去掉了判别器 D 中 Sigmoid 层。因此 WGAN 成功地做到了以下 3 点。

（1）训练中不再纠结生成器与判别器的平衡关系，从而很好地改善了 GAN 训练不稳定的问题。

（2）在保证生成样本多样性良好的情况下，解决模型坍塌问题。

（3）训练中通过一个交叉熵作为训练标准，并且该标准和训练生成的图像结果的质量呈正相关。

通过 Keras 和 TensorFlow 搭建 WGAN，如代码 3-15 所示。

代码 3-15　通过 Keras 和 TensorFlow 搭建 WGAN

```
class WGAN():

    def __init__(self,img_size=64, channels=3, latent_dim=100,
                    generator_filter=64, discriminator_filter=64):

        self.img_size = img_size,

        self.channels = channels,

        self.latent_dim = latent_dim,

        self.gf = generator_filter,

        self.df = discriminator_filter

    # 定义生成器网络结构
    def build_generator(self, noise):
```

```
# 定义生成器全连接块
def g_dense_block(layer_input, shape):
        # 全连接+LeakyReLU+BN
        g = Dense(shape)(layer_input)
        g = LeakyReLU(0.2)(g)
        return BatchNormalization(momentum=0.2)(g)


# 定义生成器卷积块
def g_conv_block(layer_input, filters, strides=(2, 2)):
        # 3×3 转置卷积+LeakyReLU+3x3 卷积+LeakyReLU+BN
        g = Conv2DTranspose(filters, kernel_size=(3, 3),
                    strides=strides, padding='same')(layer_input)
        g = LeakyReLU(0.2)(g)
        g = Conv2D(self.gf, (3, 3), padding='same')(g)
        g = LeakyReLU(0.2)(g)
        return BatchNormalization(momentum=0.2)(g)


    # 生成器全连接块+Reshape
    g = g_dense_block(noise, int(self.img_size // 8) * int(self.img_size
// 8) * self.gf * 8)
    g = Reshape((int(self.img_size // 8), int(self.img_size // 8),
self.gf * 8))(g)


    # 生成器卷积块
    g = g_conv_block(g, self.gf * 8)
    g = g_conv_block(g, self.gf * 2)
    g = g_conv_block(g, self.gf)


    # 卷积生成图像数据
    gen_img = Conv2D(self.channels, kernel_size=(1, 1), padding='same',
activation='tanh')(g)


    return Model(noise, gen_img)
```

```python
# 定义判别器结构
def build_discriminator(self, img):


    # 定义生成器卷积块
    def d_conv_block(layer_input, filters):
        # 3×3 卷积+LeakyReLU
        d = Conv2D(filters, kernel_size=(3, 3), strides=(2, 2),
padding='same')(layer_input)
        return LeakyReLU(0.2)(d)


    # 判别器结构
    d = d_conv_block(img, self.df)
    d = d_conv_block(d, self.df * 2)
    d = d_conv_block(d, self.df * 4)


    # 特征拉直
    d = Flatten()(d)
    # 全连接+LeakyReLU+dropout
    d = Dense(1024)(d)
    d = LeakyReLU(0.2)(d)
    d = Dropout(0.2)(d)
    # 全连接输出
    validity = Dense(1)(d)


    return Model(img, validity)
```

代码详见：./3.6 图像生成/code/3.6.2.3 WGAN.py。

3.6.3 训练图像生成器网络

训练 WGAN 实现人脸图像生成使用 CelebA（CelebFaces Attribute）数据集。CelebA 数据集包含 10177 个名人身份的 202599 张人脸图片，每张图片都具有特征标记，包含人脸 bbox 标注框、5 个地标位置标签和 40 个属性标记等。CelebA 数据集的结构如图 3-48 所示，该数据集广泛用于人脸相关的计算机视觉训练任务。

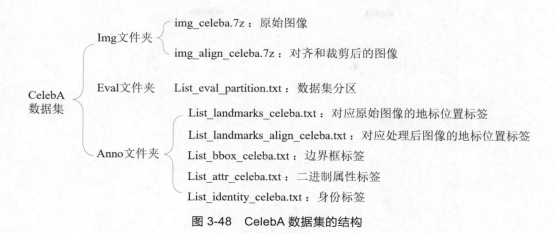

图 3-48　CelebA 数据集的结构

通过 CelebA 数据集训练 WGAN，如代码 3-16 所示。

代码 3-16　通过 CelebA 数据集训练 WGAN

```python
# 训练 WGAN
if __name__ == '__main__':
    # 创建文件夹
    if not os.path.exists('samples'):
        os.mkdir('samples')


    # 加载 CelabA 数据集数据
    imgs = glob.glob('../CelebA-HQ/train/*.png')
    np.random.shuffle(imgs)  # 打乱数据
    img_dim = 128  # 图像大小
    z_dim = 128  # 生成器输入噪声维度


    batch_size = 64  # batch_size 大小
    # 实例化 WGAN 对象
    wgan = WGAN(img_size=img_dim, channels=3, latent_dim=z_dim,
            generator_filter=64, discriminator_filter=64)


    # 判别器
    x_in = Input(shape=(img_dim, img_dim, 3))
    x = x_in
    d_model = wgan.build_discriminator(x_in)
```

```python
d_model.summary()


# 生成器
z_in = Input(shape=(z_dim, ))
z = z_in
g_model = wgan.build_generator(z_in)
g_model.summary()


# 整合模型（训练判别器）
x_in = Input(shape=(img_dim, img_dim, 3))
z_in = Input(shape=(z_dim, ))
g_model.trainable = False  # 设定生成器不可训练，先训练判别器


x_real = x_in
x_fake = g_model(z_in)  # 噪声图像经过生成器得到生成图像


x_real_score = d_model(x_real)  # 判别器判别真实图像
x_fake_score = d_model(x_fake)  # 判别器判别虚假图像


# 实例化判别器网络
d_train_model = Model([x_in, z_in],
                      [x_real_score, x_fake_score])


k = 2
p = 6


# 计算判别器损失
d_loss = K.mean(x_real_score - x_fake_score)


real_grad = K.gradients(x_real_score, [x_real])[0]  # 计算真实图像经过判
别器梯度
    fake_grad = K.gradients(x_fake_score, [x_fake])[0]  # 计算生成图像经过判
别器梯度
```

```python
real_grad_norm = K.sum(real_grad ** 2, axis=[1, 2, 3]) ** (p / 2)
fake_grad_norm = K.sum(fake_grad ** 2, axis=[1, 2, 3]) ** (p / 2)
grad_loss = K.mean(real_grad_norm + fake_grad_norm) * k / 2


w_dist = K.mean(x_fake_score - x_real_score)


d_train_model.add_loss(d_loss + grad_loss)   #定义训练损失函数
d_train_model.compile(optimizer=Adam(2e-4, 0.5))   # 使用 Adam 优化器
d_train_model.metrics_names.append('w_dist')   #增加训练日志监督对象
d_train_model.metrics_tensors.append(w_dist)



# 整合模型（训练生成器）
g_model.trainable = True   # 训练生成器
d_model.trainable = False   # 设置判别器不可训练


x_fake = g_model(z_in)     # 噪声数据经生成网络生成图像
x_fake_score = d_model(x_fake)   # 生成的图像由判别器判别


# 实例化生成器
g_train_model = Model(z_in, x_fake_score)


# 计算生成器损失
g_loss = K.mean(x_fake_score)
g_train_model.add_loss(g_loss)
g_train_model.compile(optimizer=Adam(2e-4, 0.5))


# 检查模型结构
d_train_model.summary()
g_train_model.summary()


iters_per_sample = 100   # 每次采样 100 张图片
total_iter = 1000000   # 总共迭代次数
img_generator = data_generator(batch_size,img_dim)
```

```
# 开始迭代训练
for i in range(total_iter):
    for j in range(1):
        z_sample = np.random.randn(batch_size, z_dim)
        d_loss = d_train_model.train_on_batch(
            [img_generator.next(), z_sample], None)
    for j in range(1):
        z_sample = np.random.randn(batch_size, z_dim)
        g_loss = g_train_model.train_on_batch(z_sample, None)


    if i % iters_per_sample == 0:
        sample('samples/test_%s.png' % i)
        g_train_model.save_weights('./g_train_model.weights')
```

代码详见：./3.6 图像生成/code/train_WGAN.py。

WGAN 训练日志如图 3-49 所示。生成器损失如图 3-49（a）所示，通过判别器 D 对生成器 G 输出的假脸图像的预测结果计算得出。为判别器损失如图 3-49（b）所示，通过判别器 D 对真实图像 true_face 和生成器 G 输出的假脸图像的沃瑟斯坦距离得出。从图 3-49 中可以看出，生成器和判别器在对抗训练过程中，二者的损失不停振荡，但同时向着损失为 0 的方向变化，最终达到收敛。

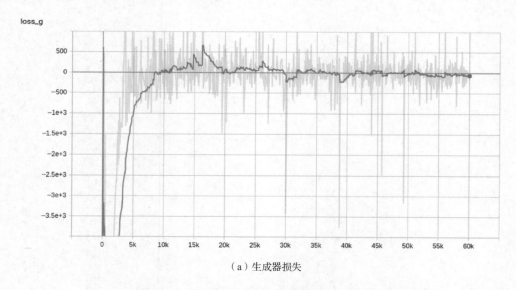

（a）生成器损失

图 3-49　WGAN 训练日志

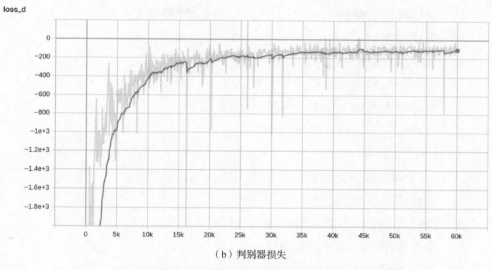

（b）判别器损失

图 3-49　WGAN 训练日志（续）

小结

本章主要介绍了深度神经网络与卷积神经网络的基本原理，常见视觉任务的经典算法和原理。首先阐述深度神经网络的工作原理和机制，重点介绍了卷积神经网络的基本构成和训练机制。然后按照不同领域计算机视觉任务划分为图像分类、目标检测、图像分割和图像生成，对 4 个计算机视觉任务对应的经典深度学习算法进行原理剖析和代码演示。

课后习题

1．选择题

（1）下列关于神经网络的描述，什么情况下神经网络模型被称为深度学习模型（　　）。

    A．加入更多层，使神经网络的深度增加

    B．有维度更高的数据

    C．当这是一个图形识别的问题时

    D．以上都不正确

（2）下列操作能实现神经网络中 Dropout 的类似效果的是（　　）。

    A．Boosting   B．Bagging   C．Stacking   D．Mapping

（3）下列在神经网络中引入了非线性的是（　　　　）。

    A. 随机梯度下降　　　　　　　　B. 修正线性单元 ReLU

    C. 卷积函数　　　　　　　　　　D. 以上都不正确

（4）批标准化（Batch Normalization）的好处有（　　　　）。

    A. 让每一层的输入的范围都大致固定

    B. 它将权重的归一化平均值和标准差

    C. 它是一种非常有效的反向传播方法

    D. 以上均不是

（5）下列关于模型能拟合复杂函数的能力的描述正确的是（　　　　）。

    A. 隐藏层层数增加，模型能力增强

    B. Dropout 的比例增加，模型能力增强

    C. 学习率增加，模型能力增强

    D. 都不正确

（6）下列目标检测网络中 One-Stage 方法的是（　　　　）。

    A. Faster R-CNN　　　　　　　　B. SSD

    C. YOLOv3　　　　　　　　　　D. Mask R-CNN

（7）以下属于语义分割网络模型的是（　　　　）。

    A. Faster R-CNN　　　　　　　　B. FCN

    C. U-Net　　　　　　　　　　　D. DeepLabv3

（8）DeepLabv3+主要的创新点在于，在编码过程中实现图像下采样是为了提高卷积核的感受野，采用了（　　　　）方式实现。

    A. 深度可分离卷积　　　　　　　B. 最大池化

    C. 平均池化　　　　　　　　　　D. 空洞卷积

（9）输入图像大小为 200×200，依次经过一层卷积（kernel size 5×5，padding 1，stride 2），池化（kernel size 3×3，padding 0，stride 1），又一层卷积（kernel size 3×3，padding 1，stride 1）之后，输出特征图大小为（　　　　）。

    A. 95　　　　　　B. 96　　　　　　C. 97　　　　　　D. 98

（10）假设 YOLOv3 网络输入图像大小为 512×512，batch_size 为 1，检测类别为 20，则输出为（　　　　）。

    A. [1,16,16,75]　B. [1,26,26,75]　C. [1,32,32,75]　D. [1,64,64,75]

2. 填空题

（1）训练 CNN 时，可以对输入图像进行_____、_____、_____等预处理提高模型泛化能力。

（2）一般池化层主要有_____和_____两种。

（3）Faster R-CNN 由特征提取网络、_____和边界框分类网络 3 部分组成，它们分别实现提取区域特征、获取兴趣区域和目标边界框分类的任务。

（4）在语义分割的领域，基本遵循编码–解码的思路，首先通过_____获取语义特征信息，图像分辨率越来越小，然后使用_____操作将图像分辨率放大到原图大小。

（5）GAN 的框架中包含一对相互对抗的网络，分别是_____和_____。

3. 操作题

（1）搭建卷积神经网络，实现对 MNIST 手写数字数据集的图像分类。

（2）搭建 YOLO 网络，实现对绝缘子图像的自爆区域的目标检测，如图 3-50 所示。

（3）搭建 U-Net 网络，实现对绝缘子图像的分割，如图 3-51 所示。

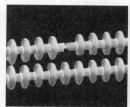 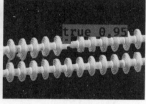  

待检测图片　　　　　　检测结果　　　　　　　原图片　　　　图像分割

图 3-50　绝缘子图像的自爆区域的目标检测　　　图 3-51　绝缘子图像的分割

（4）搭建 CycleGAN 网络，实现斑马与马的风格转换，如图 3-52 所示。

图 3-52　斑马与马的风格转换

第 4 章 基于 FaceNet 的人脸识别实战

国家安全是民族复兴的根基，社会稳定是国家强盛的前提。人脸识别技术可以应用于公共安全监控、证件验证等领域，对国家安全与社会稳定具有重要意义。人脸识别作为计算机视觉和人工智能领域中一个十分重要的研究方向，在经过多年发展后，已逐步走向实用化，成功应用在身份验证、智能安防、图像检索、交通管制等公共及信息安全领域。本章将介绍人脸识别技术的发展历程以及通过深度学习实现人脸识别的基本原理，最终说明如何构建人脸识别系统。

学习目标

（1）了解人脸识别技术的发展历程和实现方案。

（2）熟悉实现人脸识别的流程。

（3）掌握 MTCNN 人脸检测算法的原理和实现方法。

（4）掌握人脸姿态矫正对齐的方法。

（5）掌握三元组损失（Triplet Loss）的基本原理并训练卷积网络。

（6）掌握人脸特征距离的计算方法。

（7）掌握人脸识别技术的评价指标。

4.1 背景与目标

人脸识别是一种生物识别技术，相较于指纹识别，虽然人脸识别的准确性略有不足，但是由于其非接触式的过程而被广泛采用。本节将介绍人脸识别的背景、目标和项目工程结构。

4.1.1 背景

在信息技术飞速发展的时代，如何精准、快速鉴定一个人的身份，保护信息安全，已成为必须解决的关键性问题。传统的以密码、卡片、证件等为特征的身份验证技术由于极易伪造和丢失，越来越难以满足社会的需求，而生物特征识别技术因为具有唯一性、隐蔽性、防伪性、稳定性和普遍性的特点，已成为当前较为安全和完备的身份认证技术。

人脸识别即人脸的生物特征提取和辨识，相较于其他类型的生物特征识别，人脸识别凭借便捷快速、高智能化、安全稳定、无须接触、不易伪造等优势一跃成了身份识别领域的热门技术。随着各个应用领域对于安全防护的要求越来越高，人脸识别技术也毫无疑问地拥有巨大的发展前景和市场空间。目前，人脸识别技术主要应用于以下场景。

（1）用户身份认证。例如各类网站、App 中用户可采用人脸识别方式登录。

（2）电子护照及通行证。例如通关时的自助过关通道、通过扫描证件信息和人脸识别即可完成身份查验。

（3）财产安全。例如银行账户登录、转账、汇款、支付均可采用人脸识别完成。

（4）公安、司法和刑侦。例如采用人脸识别系统，并与城市电子监控系统相结合，构建全国范围的"天网"系统。

（5）门禁系统。例如各类企业的人员出入管理、考勤管理可采用人脸识别系统。

最早关于人脸识别的研究论文是布莱索（Bledsoe）于 1965 年在全景研究（Panoramic Research）公司发表的技术报告。该报告提出了利用人脸识别进行身份验证的思想，从此开启人脸识别的研究历程。由于科学技术不断进步、人脸识别应用市场需求不断增长以及研究人员青睐，人脸识别技术得到了飞速的发展。到 2020 年，人脸识别的研究历经了 50 余年的发展，大量的研究论文层出不穷。按照人脸识别的研究内容、技术方法等特点，大致划分为以下 3 个发展阶段。

第一阶段（1964 年至 1990 年）是人脸识别发展的初级阶段，学者们将人脸识别作为一个一般性的模式识别问题来研究，主要采用基于人脸的几何结构特征的方法。该方法主要是通过面部的特征、相对位置和特征之间的距离构成人脸识别的特征向量，通过特征向量之间的匹配完成人脸识别。第一阶段研究没有取得具有突破性的成果，无法在实际应用中发挥作用。

第二阶段（1991 年至 2011 年）是人脸识别发展的高潮阶段，在这期间提出的算法在比较理想的图像采集条件、用户配合、中小规模的正面人脸数据库上进行识别。主要有麻省理工学院媒体实验室提出的基于"特征脸"的方法。此外，还产生了基于统计学理论的 SVM 和基于提升算法（Boosting 算法）的决策分类方法，自适应提升算法（AdaBoost 算法）也被应用于人脸识别。同时，由人脸识别研究组织创建的人脸识别数据库 FERET（Face Recognition Technology）为人脸识别性能评估和人脸识别算法改进提供了良好的平台，为以后的人脸识别技术发展做出了巨大贡献。

第三阶段（2012 年至今）是人脸识别技术逐渐开始运用到生活中，转化为生产力的阶段。2012 年基于深度学习的卷积神经网络 AlexNet 在 ImageNet 国际计算机视觉挑战赛中一举夺冠，卷积神经网络开始在图像处理领域中大放异彩。研究人脸识别的学者也开始不满足于提取人脸浅层特征的方法，希望能够提取更深层的人脸特征，而卷积神经网络使得提取深层特征成了可能。深度学习通过大规模样本训练可以获得数据集更深层的特征，实现对样本进行更精准的分类和预测，而仅提取浅层特征的方法通常要与其他方法，如 SVM 或神经网络等结合才能取得更好的识别效果。因为卷积神经网络在大规模数据集提取图像深层特征有不俗的效果，所以基于卷积神经网络的人脸识别方法也逐渐得到广泛研究。

2014 年，基于卷积神经网络的 DeepFace 网络诞生，该网络在 LFW（Labeled Faces in the Wild）数据集中取得了超过 95% 的识别准确率。2015 年提出的 FaceNet 在 LFW 数据集中的识别准确率达到了 99.63%，超过了 DeepID 的识别效果。基于卷积神经网络的人脸识别研究一直在持续进行，不断有新的结构或改进被提出。

4.1.2 目标

本章将利用卷积神经网络实现人脸检测和人脸识别任务，并且在公开的 LFW 数据集上进行训练和测试。LFW 数据集是无约束自然场景人脸识别数据集，该数据集由 13000 多张人脸图片组成，图片均源于生活中的自然场景。图片对象共有 5000 多人，其中 1680 人有 2 张或 2 张以上人脸图片。每张人脸图片都有唯一的姓名 ID 和序号加以区分。LFW 数据集主要用于测试人脸识别的准确率，进行人脸识别测试时模型会从数据集中随机选择 6000 对人脸组成人脸辨识图片对，其中 3000 对属于同一个人的 2 张人脸照片，3000 对属于不同的人（每人 1 张人脸照片）。LFW 人脸识别数据集示例如图 4-1 所示。

图 4-1　LFW 人脸识别数据集示例

在训练过程中，正例人脸之间的特征距离减小，反例人脸之间的特征距离增大。训练完成后的卷积网络可以通过计算人脸的特征距离实现人脸识别。在测试过程中，卷积网络对 LFW 数据集给出的一对照片进行判断，如果两张照片是同一个人，网络给出"是"的答案，否则给出"否"的答案。

4.1.3 项目工程结构

本案例的工作目录包括 6 个文件夹、10 个 PY 文件，如图 4-2 所示。

图 4-2   案例工作目录

data 文件夹里存放人脸特征的标注文件。face_dataset 文件夹中为训练模型使用的人脸图像。image 文件夹中存放的是用于人脸对齐的图像。log 文件夹中存放的是模型训练的日志文件。model_data 文件夹中存放的是 MTCNN 的模型权重。weights 文件夹中存放的是 FaceNet 的模型权重。

config.py 文件用于设置配置项，如批量大小、迭代次数等。data_generator.py 文件用于定义数据生成器。face_rec.py 文件用于进行图像预处理。faceAlignment.py 文件用于进行人脸对齐操作。facenet.py 文件用于定义人脸检测处理类。inception_resnetv2.py 文件用于构建残差网络。model.py 用于构建网络模型函数。mtcnn.py 用于进行人脸检测。test_rate.py 文件用于进行模型评估。train.py 文件用于训练网络并保存模型。

4.2   流程与步骤

人脸识别的流程如图 4-3 所示，主要包含以下步骤。

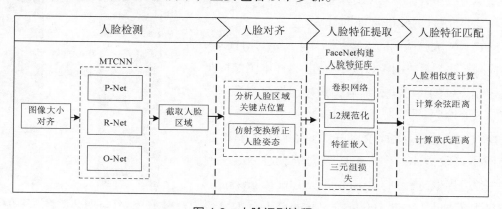

图 4-3   人脸识别流程

（1）将图像大小对齐后使用 MTCNN 检测和定位图像中的人脸区域，然后截取人脸区域。

（2）分析人脸区域关键点位置，计算旋转角度并通过仿射变换矫正人脸姿态。

（3）提取对齐后人脸区域的特征，将提取到的人脸特征进行压缩，表示为一个特征向量。

（4）通过余弦距离和欧氏距离计算人脸相似度，根据相似度对人脸 ID 进行区分，从而实现人脸识别。

4.2.1　人脸检测

人脸检测的目的是在图像中定位人脸。传统的人脸检测方法包括知识规则、模板匹配和统计模型等。这些传统人脸检测方法一般利用人工设计的特征进行检测，例如利用梯度方向直方图、局部二值模式等特征进行检测。因为基于人工设计的特征难以表示高级语义信息，所以传统人脸检测方法的准确度较差。语义信息指图像表达的信息，低级语义信息有图像的颜色、轮廓等，高级语义信息属于概念层。

基于机器学习或深度学习的检测算法通过大量人脸图片的训练，自动提取人脸高度抽象的语义信息，极大提高了人脸识别的准确度。人脸检测是人脸识别的首要任务，通过人脸检测得到人脸图像，去除背景干扰后再进行人脸识别。如果人脸检测效果不好，则将会难以进行人脸识别。

多任务卷积神经网络（Multi-Task Convolutional Neural Network，MTCNN）是中国科学院深圳先进技术研究院张凯鹏等人提出的一种非常有效的人脸检测与对齐的网络。

不同于 Faster R-CNN 系列对目标的检测，该网络专门为人脸及关键点检测而设计。MTCNN 使用 3 个级联的卷积神经网络对图片中人脸及眼睛、鼻尖、嘴角 5 个关键点进行定位，将待检测的图片缩放成多个固定大小的图片，生成图像金字塔，并将缩放后的图像送入 MTCNN 进行前向计算。

MTCNN 人脸检测的流程如图 4-4 所示。MTCNN 人脸检测算法为解决图像尺度不变性，将样本图像按照网络模型设计的尺寸进行缩放，构建图像金字塔作为数据输入来源之一。

MTCNN 由 P-Net、R-Net、O-Net 这 3 个卷积神经网络级联构成。样本图像数据依次通过级联网络，并对边界框进行回归（Bounding Box Regression）和非极大值抑制（Non-Maximum Suppression，NMS）

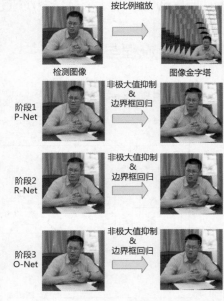

图 4-4　MTCNN 人脸检测的流程

选择最佳的人脸候选框，最后网络输出人脸候选框和人脸特征关键点坐标。

在 MTCNN 进行人脸检测中，首先对图像进行缩放操作，将原始图像缩放成不同的尺度，生成图像金字塔。然后将不同尺度的图像送入 3 个子网络中进行训练，目的是检测到不同大小的人脸，从而实现多尺度目标检测。随后将不同尺度的图像输入人脸候选框网络（Proposal Network，P-Net）中，其结构如图 4-5 所示。该网络的输入是一个维度为 12×12×3 的图像，通过 3 层的卷积之后，判断输入图像中是否存在人脸，并且给出人脸边界框的回归和人脸特征点坐标的回归。

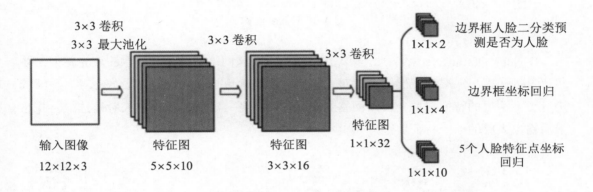

图 4-5   P-Net 结构

P-Net 的第一部分输出用于判断图像是否存在人脸，输出向量的维度为 1×1×2，即输出两个值。网络的第二部分给出框的精确位置，一般称为框回归。在输入网络的图像中，人脸框的位置可能并不标准，例如人脸并不为方形、图像偏左或偏右，因此需要输出预测框的位置与标准人脸框的位置的偏移向量。这个偏移向量的维度为 1×1×4，即框左上角的横坐标的相对偏移 $bias_x$、框左上角的纵坐标的相对偏移 $bias_y$、框的宽度的误差 $bias_w$、框的高度的误差 $bias_h$。网络的第三部分输出人脸的 5 个关键点的位置。5 个关键点分别对应左眼的位置、右眼的位置、鼻子的位置、左嘴角的位置、右嘴角的位置。每个关键点需要两维来表示，因此输出的向量维度为 1×1×10。

P-Net 的所有候选框都会输入重优化网络（Refine Network，R-Net）中，R-Net 结构如图 4-6 所示，其结构比上一层的 P-Net 网络结构要复杂，主要增加了约束条件，但网络主体仍是卷积神经网络。R-Net 会对 P-Net 的输出候选框做进一步的判断，同时使用边框回归和 NMS 算法舍弃得分较低的人脸候选框，目的是选择局部最佳的几组人脸候选框。从图 4-6 可以看出，R-Net 在最后比 P-Net 多一个全连接层，该全连接层的作用是输出一个 128 维的向量。因为全连接层具有分类的作用，所以 R-Net 会再次筛选预测框。

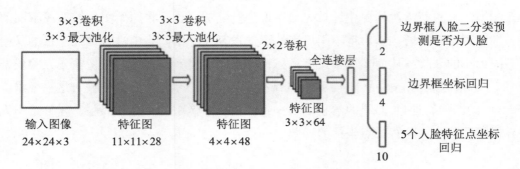

图 4-6　R-Net 结构

O-Net（Output Network）结构如图 4-7 所示，该网络的结构与 R-Net 较为相似，并且比 R-Net 多了一层卷积层，因此对人脸区域的处理更加精细。因为 O-Net 对人脸区域进行了更深层的特征提取，所以网络的实际作用是再一次选择最优的人脸候选框，并在最后输出人脸的 5 个特征关键点。

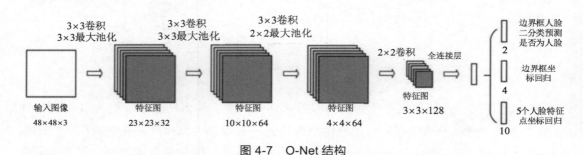

图 4-7　O-Net 结构

使用 MTCNN 进行人脸检测时，首先将获取到的图像进行不同尺度的缩放，构建一个图像金字塔以检测不同尺寸的人脸图像。然后将不同尺度的图像输入 P-Net、R-Net、O-Net 这 3 个卷积神经网络中，其中 P-Net 的作用是快速排除图像中不含人脸的部分；R-Net 的作用是进一步排除不含人脸的部分，并估计人脸框的位置；O-Net 的作用是确定人脸的位置，重叠的候选框用 NMS 除去，并且最终标记人脸的眼睛、鼻尖、嘴角共 5 个位置。

使用 MTCNN 进行人脸检测如代码 4-1 所示。

代码 4-1　使用 MTCNN 进行人脸检测

```
# 实例化 MTCNN
mtcnn_model = mtcnn()
# 加载测试图像
img = cv2.imread('./image/timg.jpg')
```

```
img = cv2.cvtColor(img, cv2.COLOR_BGR2RGB)


# 检测人脸
threshold = [0.5, 0.8, 0.9]
rectangles = mtcnn_model.detectFace(img, threshold)


# 转化成正方形
rectangles = rect2square(np.array(rectangles))
rectangle = rectangles[0]
bbox = rectangle[0: 4]
points = rectangle[-10:]
# 绘制人脸框
cv2.rectangle(img, (int(bbox[0]), int(bbox[1])), (int(bbox[2]),
int(bbox[3])), (255, 0, 0))
# 绘制关键点
for i in range(5):
    cv2.circle(img, (int(points[i * 2]), int(points[i * 2 + 1])), 4, (0, 0,
255), 5)


img = cv2.cvtColor(img, cv2.COLOR_RGB2BGR)
cv2.imwrite('result.jpg', img)
```

代码详见：./mtcnn.py。

待检测图像如图 4-8（a）所示，人脸检测结果如图 4-8（b）所示。

（a）待检测图像　　　　　　　（b）人脸检测结果

图 4-8　MTCNN 人脸检测

4.2.2 人脸对齐

通过 MTCNN 得到人脸边界框后，人脸角度的偏移容易导致人脸识别出错，因此在进行人脸识别之前需要进行人脸对齐操作。为了缩短预处理时间，利用 MTCNN 输出的 5 个人脸关键点的精准坐标，使用简单的仿射变换方法将人脸旋转一定角度，达到摆正人脸位置的目的。人脸对齐示例如图 4-9 所示。

图 4-9　人脸对齐示例

仿射变换原理在 2.3.4 小节中有详细描述，本小节不做展开介绍。根据 MTCNN 输出的 5 个人脸关键点的坐标实现人脸对齐如代码 4-2 所示。

代码 4-2　实现人脸对齐

```python
def Alignment(img,landmark):
    # 计算两点间 x 方向和 y 方向的差，分析关键点位置
    x = landmark[0, 0] - landmark[1, 0]
    y = landmark[0, 1] - landmark[1, 1]
    if x == 0:
        angle = 0
    else:
        # 计算旋转角度
        angle = math.atan(y / x) * 180 / math.pi
    # 获取图像中心
    center = (img.shape[1] // 2, img.shape[0] // 2)

    # 计算旋转矩阵
    RotationMatrix = cv2.getRotationMatrix2D(center, angle, 1)
    # 旋转变换
```

```
new_img = cv2.warpAffine(img, RotationMatrix, (img.shape[1], img.shape[0]))


RotationMatrix = np.array(RotationMatrix)

new_landmark = []

# 遍历所有关键点，对所有关键点进行同样的旋转变换

for i in range(landmark.shape[0]):

    pts = []

    pts.append(RotationMatrix[0, 0] * landmark[i, 0] +
            RotationMatrix[0, 1] * landmark[i, 1] +
RotationMatrix[0, 2])

    pts.append(RotationMatrix[1, 0] * landmark[i, 0] +
            RotationMatrix[1, 1] * landmark[i, 1] +
RotationMatrix[1, 2])

    new_landmark.append(pts)


new_landmark = np.array(new_landmark)


return new_img, new_landmark
```

代码详见：./faceAlignment.py。

裁剪出的人脸区域如图 4-10（a）所示，人脸对齐后的效果如图 4-10（b）所示。

（a）裁剪出的人脸区域　　　　　　　（b）人脸对齐后的效果

图 4-10　人脸对齐

4.2.3　人脸特征提取

FaceNet 人脸识别算法是于 2015 年提出的一种与众不同的人脸识别算法，该算法利用了同一个人不同角度的脸部图像具有高聚合性、不同人的脸部图像具有低耦合性

的特点。不同于其他深度神经网络算法，FaceNet 不使用 Softmax 层进行分类，而是接入一个 L2 范数的嵌入层 embedding。嵌入层 embedding 的作用是将神经网络末端的全连接层输出的特征值从一个空间映射到一个超球面上，即将全连接层得到的特征"嵌入"一个超球面上，获得一组新的特征值，特征发生了维度上的变化。嵌入层 embedding 实际上是将原来的特征二范数归一化，然后利用三元组损失作为监督信号，获得网络的损失和梯度。

FaceNet 中可以使用多种卷积神经网络提取脸部特征。对于 FaceNet 来说，特征提取网络可以采用多种神经网络实现提取特征的目的。FaceNet 基本原理如图 4-11 所示，实现步骤如下。

首先设输入图像为 x，通过图 4-11 中的卷积神经网络得到结果 $f(x)$。然后经过 L2 规范化对 $f(x)$ 进行归一化将图像特征映射到一个超球面上。再通过嵌入层 embedding 将图像特征映射到超球面空间。最后利用三元组损失对特征相似性进行评估，实现人脸特征相似性的度量。在提出 FaceNet 的原论文中，作者将每一个人脸图像特征映射到了 128 维的数据空间以作为最终的人脸特征向量。

图 4-11　FaceNet 基本原理

本章采用 Inception 网络作为 FaceNet 的特征提取网络，关于 Inception 网络的原理和结构，在 3.3.2 小节中的 GoogLeNet 部分有详细说明，本节不做展开介绍。

三元组损失由 3 张不同的图片组成的三元组计算损失。三元组由锚点 A（Anchor）、与 A 不同类的负样本 N（Negative）、与 A 同类的正样本 P（Positive）组成。任意一张图片都可以作为一个基点 A，与基点 A 属于同一人的图片为 P，与基点 A 不属于同一人的图片为 N。三元组损失原理如图 4-12 所示，在网络学习过程中，A 和 N 之间的距离将逐渐增大，A 和 P 之间的特征距离将逐渐减小，最后不同类的类间特征距离要大于同类的类间特征距离。

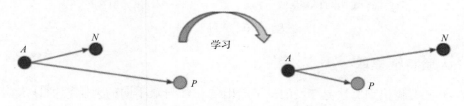

图 4-12　三元组损失原理

搭建 FaceNet 以及通过 LFW 数据集进行训练如代码 4-3 所示。

代码 4-3　搭建 FaceNet 以及通过 LFW 数据集进行训练

```python
# 定义三元组损失函数
def triplet_loss(y_true, y_pred):
    y_pred = K.l2_normalize(y_pred,axis=1)
    batch = batch_size
    ref1 = y_pred[0:batch,:]
    pos1 = y_pred[batch:batch+batch,:]
    neg1 = y_pred[batch+batch:3*batch,:]
    dis_pos = K.sum(K.square(ref1 - pos1), axis=1, keepdims=True)
    dis_neg = K.sum(K.square(ref1 - neg1), axis=1, keepdims=True)
    dis_pos = K.sqrt(dis_pos)
    dis_neg = K.sqrt(dis_neg)
    # a1 = 17
    # d1 = dis_pos + K.maximum(0.0, dis_pos - dis_neg + a1)
    d1 = dis_pos + K.maximum(0.0, dis_pos - dis_neg + alpha)
    return K.mean(d1)
if __name__ == '__main__':

    # 模型保存路径
    checkpoint_models_path = 'weights/'
    model_names = checkpoint_models_path + 'model.{epoch:02d}-
{val_loss:.4f}.h5'
    # 定义模型保存信息
    model_checkpoint = ModelCheckpoint(model_names, monitor='val_loss',
                                    verbose=1, save_best_only=True)
    # 训练早停
    early_stop = EarlyStopping('val_loss', patience=patience)
    # 学习率衰减策略
    reduce_lr = ReduceLROnPlateau('val_loss', factor=0.5, patience=
int(patience / 2), verbose=1)
    # 保存训练日志路径
    log = TensorBoard(log_dir='log')
```

```
# 构建网络模型
model = build_model()
# 定义优化器和学习率
# sgd = keras.optimizers.SGD(lr=1e-5, momentum=0.9, nesterov=True,
decay=1e-6)
adam = tf.keras.optimizers.Adam(lr=0.0001)
# 编译，使用三元组损失函数
model.compile(optimizer=adam, loss=triplet_loss)

print(model.summary())


# 声明回调函数
callbacks = [model_checkpoint, early_stop, reduce_lr,log]


# 开始训练
model.fit_generator(DataGenSequence('face_dataset'),
        steps_per_epoch=num_train_samples // batch_size,
        validation_data=DataGenSequence('face_dataset'),
        validation_steps=num_lfw_valid_samples // batch_size,
        epochs=epochs,verbose=1,callbacks=callbacks,
        use_multiprocessing=True,workers=0)
```

代码详见：./train.py。

4.2.4 人脸特征匹配

人脸特征匹配实际上就是计算人脸识别图像的特征向量与人脸图像特征库中每个特征向量的距离，通常采用欧氏距离[如式（4-1）所示]或余弦距离[如式（4-2）所示]。

$$\text{Distance}(\boldsymbol{A},\boldsymbol{B}) = \|\boldsymbol{A}-\boldsymbol{B}\| \tag{4-1}$$

$$\text{Distance}(\boldsymbol{A},\boldsymbol{B}) = 1 - \cos(\boldsymbol{A},\boldsymbol{B}) = \|\boldsymbol{A}\| \cdot \|\boldsymbol{B}\| - \frac{\boldsymbol{A} \cdot \boldsymbol{B}}{\|\boldsymbol{A}\| \cdot \|\boldsymbol{B}\|} \tag{4-2}$$

其中 $\boldsymbol{A}$ 为人脸识别图像的特征向量，$\boldsymbol{B}$ 为人脸图像特征库中的特征向量，向量 $\boldsymbol{A}$ 与 $\boldsymbol{B}$ 都经过 L2 规范化处理，因此 $\|\boldsymbol{A}\|=\|\boldsymbol{B}\|=1$。对式（4-1）做推导如式（4-3）所示。

$$\|\boldsymbol{A}-\boldsymbol{B}\| = \sqrt{\|\boldsymbol{A}-\boldsymbol{B}\|^2} = \sqrt{\|\boldsymbol{A}\|^2 + \|\boldsymbol{B}\|^2 - 2\boldsymbol{A}\cdot\boldsymbol{B}} = \sqrt{2-2\boldsymbol{A}\cdot\boldsymbol{B}} = \sqrt{2(1-\boldsymbol{A}\cdot\boldsymbol{B})} \tag{4-3}$$

由式（4-3）可以看出，对于高维特征张量，欧氏距离体现特征张量的绝对距离差异，余弦距离体现特征张量的方向差异。在本章中，特征向量做了 L2 规范化处理，欧氏距离和余弦距离都能表现出特征向量之间的差异，主要区别在于余弦距离的计算量更小，可以达到更快的响应速度。因此本章选用余弦距离作为人脸识别匹配度的衡量标准。定义人脸特征匹配函数如代码 4-4 所示。

代码 4-4　定义人脸特征匹配函数

```python
# L2 标准化
def l2_normalize(x, axis=-1, epsilon=1e-10):
    output = x / np.sqrt(np.maximum(np.sum(np.square(x), axis=axis,
keepdims=True), epsilon))
    return output
# 计算特征值
def calc_vec(model, img):
    face_img = pre_process(img)
    pre = model.predict(face_img)
    pre = l2_normalize(np.concatenate(pre))
    pre = np.reshape(pre, [128])
    return pre
# 计算人脸距离
def face_distance(face_encodings, face_to_compare):
    if len(face_encodings) == 0:
        return np.empty((0))
    return np.linalg.norm(face_encodings - face_to_compare, axis=1)
# 比较人脸
def compare_faces(known_face_encodings, face_encoding_to_check, tolerance=0.6):
    dis = face_distance(known_face_encodings, face_encoding_to_check)
    return list(dis <= tolerance)
```

代码详见：./facenet.py。

4.3　结果分析

通过 LFW 数据集训练 FaceNet，训练 30 个周期（Epoch）可令模型达到收敛，训练日志如图 4-13 所示，图 4-13（a）所示为训练集损失，图 4-13（b）所示为验证集损失。由于计算机计算性能和模型初始化参数不同，每次运行的结果不一定相同。

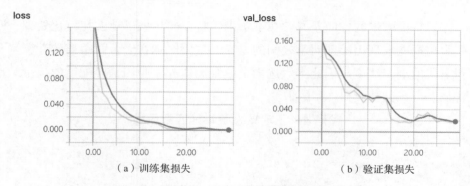

图 4-13 FaceNet 训练日志

本章使用MTCNN和FaceNet搭建人脸识别模型,实现人脸识别的系统流程如图4-14所示。当新的人脸图片输入到系统中时，特征模型对图片进行特征提取后将人脸特征与人脸库中的特征数据对比，判别当前人脸是否在人脸库中。如果人脸库中存在的当前人脸，即可成功匹配，最终实现人脸识别任务。

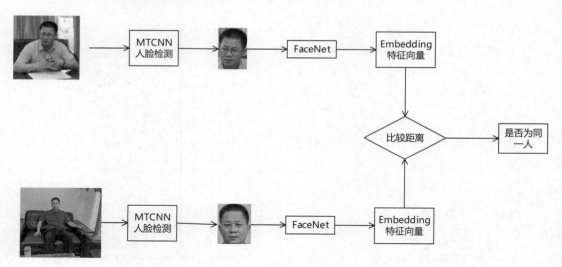

图 4-14　人脸识别系统流程

MTCNN 和 FaceNet 在 LFW 数据集上实现人脸识别如代码 4-5 所示。

代码 4-5　MTCNN 和 FaceNet 在 LFW 数据集上实现人脸识别

```
# 实例化人脸识别对象
face_rec = Face_Rec()
# 计算两组人脸的特征距离
distance_norm = face_rec.calculate_distance(face_rec.leftfeatures,
face_rec.rightfeatures, face_rec.labels)
joblib.dump((face_rec.leftfeatures,
```

```
                    face_rec.rightfeatures,
                    face_rec.labels,
                    distance_norm),'./faceData.pkl', compress=3)
# 根据人脸特征距离计算人脸识别准确率和最佳阈值
highestAccuracy, thres = face_rec.calculate_accuracy(distance_norm,
face_rec.labels,10)
print("highestAccuracy: ",highestAccuracy)
# 根据人脸特征距离和最佳阈值计算误识率和拒识率
false_accept_rate, false_reject_rate = face_rec.calculate_far_frr
(distance_norm,face_rec.labels,0.98)
print("false_accept_rate: ",false_accept_rate)
print("false_reject_rate: ", false_reject_rate)
fpr, tpr, thresholds = roc_curve(face_rec.labels, distance_norm)
# 画出测试 ROC 曲线
face_rec.draw_roc_curve(fpr, tpr)
```

代码详见：./face_rec.py。

人脸识别算法性能有以下评价指标。

（1）误识率（False Accept Rate，FAR）：比较不同人的图像时，将图像对判断为同一个人图像的比例。误识率越小越好。

（2）拒识率（False Reject Rate，FRR）：比较同一个人的图像时，将图像对判断为不同人图像的比例。拒识率越小越好。

（3）准确率（Accuracy）：比较图像时，判断正确的图像对的比例。准确率越大越好。

本章通过 MTCNN 和 FaceNet 搭建人脸识别算法在 LFW 数据集的误识率、拒识率、准确率如表 4-1 所示。算法的误识率为 0.07%，算法的拒识率为 8.2%，算法的准确率为 95.8%。

表 4-1　算法的误识率、拒识率、准确率

误识率	拒识率	准确率
0.07%	8.2%	95.8%

小结

本章对人脸识别技术的发展和背景进行了介绍，并实现了人脸识别技术。首先介绍了人脸检测的发展历程和训练人脸检测算法所使用的数据集。然后对人脸识别算法进行

深度学习与计算机视觉实战

剖析：对人脸检测 MTCNN 算法和网络结构进行分析，针对每一个子网络结构进行分析、说明；介绍了人脸对齐的必要性和基本原理；介绍了人脸特征提取网络 FaceNet 的网络结构和基本原理；介绍了人脸特征匹配的方法。最后对人脸识别算法的总体流程进行了说明，并对本章搭建的人脸识别算法在 LFW 数据集上进行了性能评估。

课后习题

1. 选择题

（1）人脸识别技术主要应用的场景有（　　　）。

    A. 电子护照及通行证　　　　　　　B. 公安、司法和刑侦

    C. CT 影像分析　　　　　　　　　　D. 门禁系统

（2）以下属于人脸识别算法的有（　　　）。

    A. Fisherface　　B. Yolact　　　C. ResNet　　　　D. DeepLabv3

（3）以下可用于人脸识别的数据集有（　　　）。

    A. CIFAR-10　　B. LFW　　　　C. MNIST　　　　D. VOC 2007

（4）以下属于人脸识别过程的有（　　　）。

    A. 人脸对齐　　　　　　　　　　　B. 头部姿态估计

    C. 人脸三维重建　　　　　　　　　D. 人脸特征提取

（5）MTCNN 中用到的技术有（　　　）。

    A. 图像金字塔　　　　　　　　　　B. 双目立体视觉

    C. 非极大值抑制　　　　　　　　　D. 边界框回归

（6）下列算法属于深度学习人脸识别的有（　　　）。

    A. SVM　　　　　B. Gabor 变换　　C. 特征脸　　　D. FaceNet

（7）MTCNN 主要完成的功能是（　　　）。

    A. 人脸框检测　　　　　　　　　　B. 人脸关键点检测

    C. 人脸上色　　　　　　　　　　　D. 人脸语义分割

（8）人脸特征匹配常用方法有（　　　）。

    A. 余弦距离　　　　　　　　　　　B. 切比雪夫距离

    C. 欧氏距离　　　　　　　　　　　D. 信息熵

（9）人脸识别评价指标有（　　　）。

    A. FAR　　　　　B. FRR　　　　C. mAP　　　　　D. IoU

（10）人脸识别常用的损失函数有（　　　）。

    A. BCE Loss　　B. Dice Loss　　C. Triplet Loss　　D. Focal Loss

2．填空题

（1）传统的人脸检测方法包括＿＿＿＿＿、＿＿＿＿＿和＿＿＿＿＿等。

（2）传统人脸检测方法一般利用人工设计的特征进行检测，从图像中提取表征人脸的特征信息，如利用＿＿＿＿＿＿＿＿＿、＿＿＿＿＿＿＿＿＿＿等特征进行检测。

（3）MTCNN 算法由＿＿＿＿＿、＿＿＿＿＿、＿＿＿＿＿3 个卷积神经网络级联构成。

（4）人脸识别的过程可归纳为＿＿＿＿＿、＿＿＿＿＿、＿＿＿＿＿＿＿和＿＿＿＿＿＿＿。

（5）FaceNet 人脸识别算法利用了同一个人不同角度的人脸图像具有＿＿＿＿＿＿＿＿、不同人的人脸图像具有＿＿＿＿＿＿＿＿的特点。

3．简答题

（1）简述 MTCNN 中三个级联的卷积神经网络的作用。

（2）简述人脸对齐的原理和方法。

（3）人脸特征匹配如何操作。

第 5 章 基于 Faster R-CNN 的目标检测实战

我国深入实施科教兴国战略、人才强国战略、创新驱动发展战略，开辟发展新领域新赛道，不断塑造发展新动能新优势。对目标进行动态的检测和定位在智能化交通系统、智能监控系统、军事目标检测和医疗手术器械定位等方面具有很大的应用价值。无论是交通中对铁路轨道安全、内挂网障碍物检测，车辆行驶中对车辆、行人、标识牌的识别，还是医疗中的肿瘤检测、农业中的果实检测，基于计算机视觉技术的目标检测都在很大程度上提高了相关工作人员的效率。本章将使用二阶段的目标检测算法 Faster R-CNN 进行实战练习。

学习目标

（1）了解目标检测的背景和目标。

（2）掌握 PASCAL VOC 数据集标注样本的格式，并批量处理 PASCAL VOC 数据集标注样本。

（3）掌握定义 Faster R-CNN 配置信息函数的方法。

（4）掌握生成先验锚框的方法，并根据不同的检测对象特性调整先验锚框的生成策略。

（5）了解 Faster R-CNN 损失函数的作用和原理。

（6）掌握目标检测算法的性能评估指标的构建方法。

5.1 背景与目标

由于计算机性能的提升以及目标检测具有广泛的用途，越来越多的行业成功地应用了目标检测。本节简单介绍基于深度学习的目标检测在特征提取方面的优势、案例的目标和项目工程结构。

5.1.1 背景

目标检测通常是对输入的图像根据其目标对象的特征信息，首先画出能够把目标对象完整圈在框内的矩形，然后给矩形贴上类别标签，最后对框住目标对象的矩形边框进行位置的修正。

由特征的提取方法可将已有的目标检测技术分为基于人工标注特征的方法和基于深度学习技术的方法。深度学习技术的出现，使得目标检测研究取得了重大进展。相比于基于人工标注特征的算法，基于深度学习技术的方法具有结构灵活、特征自动提取、检测精度高、检测速度快等优点。同时基于深度学习的目标检测方法也分为一阶段方法和二阶段方法，Faster R-CNN 则是二阶段目标检测算法中比较具代表性的方法，相关背景和原理在 3.4.2 小节的 Faster R-CNN 部分有详细介绍，本小节不做展开讲解。

5.1.2　目标

PASCAL VOC 挑战赛是视觉对象的分类识别和检测的一个基准测试，提供了图像注释数据集和标准的评估系统。在 2005 年，PASCAL VOC 挑战赛只提供 4 个类别的图像，在 2006 年的时候增加到了 10 个类别，2007 年增加到了 20 个类别，同样是在 2007 年，加入了对人体轮廓布局的测试。数据集图片的数量也由起初的 1578 张增加到了 9963 张（训练集 5011 张，测试集 4952 张）。从 2009 年到 2011 年，通过在前一年的数据集基础上增加新数据的方式来扩充数据集。在 2011 年和 2012 年，数据集主要针对图像分割和动作识别的子数据集进行了完善。

本章将通过 VOC 2012 数据集训练基于 Faster R-CNN 的通用目标检测模型，利用该模型对图像和视频的物体进行检测。VOC 2012 数据集包括 20 个类别：人类、动物（鸟、猫、牛、狗、马、羊）、交通工具（飞机、自行车、船、公共汽车、小轿车、摩托车、火车）、室内（瓶子、椅子、餐桌、盆栽植物、沙发、电视）。可见数据集提供的图像均为日常中常见物体的图像，其目的是能更好地体现算法的实用性。

5.1.3　项目工程结构

本案例的工作目录包括 9 个文件夹、3 个 TXT 文件和 9 个 PY 文件，如图 5-1 所示。

img 文件夹中保存的是应用目标检测模型进行测试的图像。input 文件夹中保存的是经过处理的用于训练模型的图像标注信息。logs 文件夹中保存的是模型训练的日志文件。model_data 文件夹中保存的是模型的权重。nets 文件夹中保存的是 PY 文件，包括特征提取网络、RPN 等。results 文件夹中保存的是模型的评价，包括召回率、准确率等。test_data 文件夹中保存的是应用目标检测模型进行测试的视频。utils 文件夹中保存的是网络参数的定义。VOC2012 文件夹中保存的是训练模型的数据集。

2012_test.txt、2012_train.txt、2012_val.txt 文件分别为用于测试、

图 5-1　案例工作目录

训练和验证的图像，包括图像的路径和标注信息。

demo_image.py 文件应用模型对 img 文件夹中的图像进行测试。demo_video.py 文件应用模型对 test_data 文件夹中的视频进行测试。frcnn.py 文件定义 Faster R-CNN 处理类。get_dr_txt.py 和 get_gt_txt.py 表示获得预测框对应的 TXT 文件和真实框对应的 TXT 文件。get_map.py 文件用于计算 mAP。train.py 文件用于训练网络。voc_annotation.py 和 voc2faster-rcnn.py 文件用于读取标注文件和生成索引文件。

5.2 流程与步骤

在 3.4.2 小节的 Faster R-CNN 部分已经搭建好的 Faster R-CNN 基础上，训练 Faster R-CNN 的流程如图 5-2 所示，主要包括以下步骤。

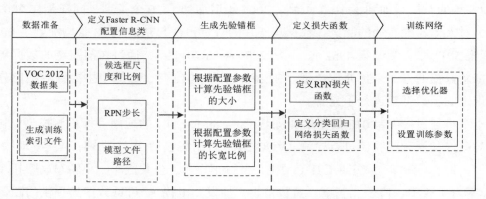

图 5-2　训练 Faster R-CNN 的流程

（1）由 VOC 2012 数据集生成用于模型训练的索引文件。

（2）定义 Faster R-CNN 配置信息类，包括候选框尺度和比例、RPN 步长、模型文件路径等。

（3）根据配置参数计算先验锚框的大小和长宽比例，并生成先验锚框。

（4）定义 RPN 和分类回归网络的损失函数。

（5）选择优化器和设置训练参数后训练模型。

5.2.1　数据准备

VOC 2012 与 VOC 2007 具有相同的结构。VOC 2012 数据集的子文件夹如图 5-3 所示。

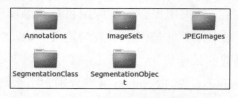

图 5-3　VOC 2012 数据集的子文件夹

VOC 2012 数据集中各文件夹的名称及其意义如表 5-1 所示。

表 5-1　VOC 2012 数据集中各文件夹的名称及其意义

文件夹名称	意义
Annotations	目标真值区域
ImageSets	类别标签
JPEGImages	图像
SegmentationClass	语义分割标注图
SegmentationObject	实例分割标注图

图像数据集存在于 JPEGImages 文件夹中，对应的 XML 标注文件存放在 Annotations 文件夹中。现需要拆分数据为训练集、测试集和验证集，将 3 个数据集文件名分别保存在 ImageSets/Main 文件夹中的 train.txt、test.txt、val.txt 中。然后分别遍历 3 个 TXT 文件中的文件名，读取图像文件全路径和标注数据分别保存在 2012_train.txt、2012_test.txt、2012_val.txt 文件中，供 Faster R-CNN 训练使用。生成 VOC 2012 数据集索引文件如代码 5-1 所示。

代码 5-1　生成 VOC 2012 数据集索引文件

```
import xml.etree.ElementTree as ET
sets = [('2012', 'train'), ('2012', 'val'), ('2012', 'test')]


# 声明数据集中标注类别的列表，并在数据集文件制作中使用该列表对应的序号代表标注的类别
classes = ['aeroplane', 'bicycle', 'bird', 'boat',
           'bottle', 'bus', 'car', 'cat', 'chair',
           'cow', 'diningtable', 'dog', 'horse',
           'motorbike', 'person', 'pottedplant',
           'sheep', 'sofa', 'train', 'tvmonitor']
# 遍历列表
for year, image_set in sets:
    # 读取相应数据集文件并去除前后的空格，以空格或换行符分隔，得到该数据集中所有文件名
    image_ids = open('../data/VOCdevkit/VOC%s/\
                    ImageSets/Main/%s.txt' % (year, image_set)).read().
strip().split()
    list_file = open('%s_%s.txt' % (year, image_set), 'w')  # 以写文件方式打
开需要制作数据集的文件
    for image_id in image_ids: # 遍历每一个文件名
```

```
        # 单个文件将图像文件路径、标注信息写入文件中的一行
        convert_annotation(year, image_id, list_file)
    list_file.close()
```

代码详见：./voc_annotation.py。

5.2.2　定义 Faster R-CNN 配置信息类

通过 config.py 文件定义 Faster R-CNN 的配置信息，如锚框的缩放大小、宽高比例、RPN 步长、模型文件路径、RPN 以及边界框分类回归网络正负样本定义等，设置 Faster R-CNN 如代码 5-2 所示。除此之外还需定义 RPN 候选框处理类，包括 RPN 候选框与真实框交并比（Intersection over Union，IoU）计算、候选框的筛选、候选框的编码、先验框解码、非极大值抑制以及 RPN 检测输出函数。

代码 5-2　设置 Faster R-CNN

```
class Config:
    def __init__(self):
        # 定义 3 个尺度有效特征层上生成的先验锚框
        self.anchor_box_scales = [128, 256, 512]
        # 定义有效特征图上每个网格点对应生成 3 个长宽比例分别为 1:1、1:2、2:1 的先验锚框
        self.anchor_box_ratios = [[1, 1], [1, 2], [2, 1]]
        self.rpn_stride = 16  # RPN 相对于输入的步长
        self.num_rois = 32  # 定义 ROI 数量
        self.verbose = True  # 定义一个 bool 类型的标志位
        self.model_path = 'logs/model.h5'  # 定义模型文件路径
        self.rpn_min_overlap = 0.3  # 定义 RPN 候选框输出重合度小于 0.3 的框为负样本
        self.rpn_max_overlap = 0.7  # 定义 RPN 候选框输出重合度大于 0.7 的框为正样本
        # 定义边界分类网络预测框重合度小于 0.1 的框为负样本
        self.classifier_min_overlap = 0.1
        # 定义边界分类网络预测框大于 0.5 的框为正样本
        self.classifier_max_overlap = 0.5
        # 定义参数用于真实框编码成候选框调整量归一化处理
        self.classifier_regr_std = [8.0, 8.0, 4.0, 4.0]
```

代码详见：./utils/config.py。

5.2.3　生成先验锚框

目标检测算法通常会在输入图像中使用预设边框采样大量的区域，然后判断区域中是否包含需要检测的目标，不同的算法生成预设边框的方法可能不同，例如 Faster R-CNN

以每个像素为中心生成多个大小和宽高比不同的预设边框，这些预设边框即先验锚框。在训练时，以先验锚框相对于真实边框的偏移构建训练样本，先验锚框如图 5-4 所示。

图 5-4　先验锚框

　　生成的预设边框中可能会存在目标，训练网络时预设边框会进行区域边缘的调整，最终"框"出目标的真实区域。根据存在标注的目标数据集中设定的边界框尺度和比例或人为传入的参数，计算并生成不同大小和比例的先验锚框，生成先验锚框如代码 5-3 所示。

代码 5-3　生成先验锚框

```python
# 生成 anchors 函数
def generate_anchors(sizes=None, ratios=None):
    if sizes is None:  # 如果传入的 sizes 参数为 None
        # 则使用 config 对象中的 anchor_box_scales 作为 sizes 大小
        sizes = config.anchor_box_scales

    if ratios is None:  # 如果传入的 ratios 参数为 None
        # 则使用 config 对象中的 anchor_box_ratios 作为 ratios 大小
        ratios = config.anchor_box_ratios
    # 计算特征层上每个网格点对应产生的 anchors 数量
    num_anchors = len(sizes) * len(ratios)
    anchors = np.zeros((num_anchors, 4))  # 定义返回 anchors 的维度
    # 将 size 的值，沿着 y 轴扩大到之前的 2 倍，然后转置
    anchors[:, 2:] = np.tile(sizes, (2, len(ratios))).T
    # 按照 1∶1、1∶2、2∶1 的 3 种比例，调整 anchors 的大小分布
    for i in range(len(ratios)):
        anchors[3 * i:3 * i + 3, 2] = anchors[3 * i:3 * i + 3, 2] * ratios[i][0]
        anchors[3 * i:3 * i + 3, 3] = anchors[3 * i:3 * i + 3, 3] * ratios[i][1]
```

```
# 将得到的数据缩小 50%后，沿 y 轴方向扩展到 2 倍，然后转置
anchors[:, 0::2] -= np.tile(anchors[:, 2] * 0.5, (2, 1)).T
anchors[:, 1::2] -= np.tile(anchors[:, 3] * 0.5, (2, 1)).T
return anchors
```

代码详见：./utils/anchors.py。

5.2.4 定义损失函数

已知 Faster R-CNN 由 3 部分组成，即特征提取网络、RPN 和边界框分类回归网络。Faster R-CNN 损失函数包括 RPN 损失函数和分类回归网络损失函数，并且两部分损失函数都包括分类损失函数和回归损失函数，Faster R-CNN 损失函数结构如图 5-5 所示。

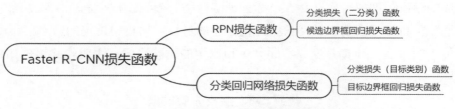

图 5-5　Faster R-CNN 损失函数结构

RPN 对特征提取网络产生的锚框进行二分类，区分前景和背景，前景的标签为 1，背景的标签为 0。

在训练 RPN 的过程中，将每个标注的真值候选区域与其重叠比例最大的锚框记为前景样本，前景样本的标签值为 1，对于剩余的锚框，如果其与某个已经标注的真值候选区域的重叠比例大于 0.7，那么也记为前景样本，如果与任意标定的真值候选区域的重叠比例小于 0.3，那么记为背景样本，记为背景样本的标签值为 0，对于除上述情况以外和跨越图像边界的锚框舍弃不用。

RPN 分类损失采用二元交叉熵方法计算，损失函数的计算公式如式（5-1）所示。

$$L_{\mathrm{RPNcls}} = \frac{\lambda \cdot \sum_i -\log[p_i^* p_i + (1-p_i^*)(1-p_i)]}{N_{\mathrm{cls}}} \qquad (5\text{-}1)$$

在式（5-1）中，N_{cls} 表示前景的个数，i 表示单次迭代中的某一个候选框，p_i 表示预测出对应类别的概率，包括前景、背景，p_i^* 表示前景与背景的概率取值。

计算 RPN 锚框回归损失需要的 3 组信息如下。

（1）RPN 预测出的候选框的中心位置坐标 (x, y) 和框的宽高 (w, h)。

（2）先验锚框所对应的 9 个不同尺寸和比例的边框的中心点位置坐标 (x_a, y_a) 和框的宽高 (w_a, h_a)。

（3）真值边界框对应的中心点位置坐标 (x^*, y^*) 和框的宽高 (w^*, h^*)。

RPN 锚框回归损失如式（5-2）所示。

$$L_{\text{RPNreg}} = \frac{\lambda \cdot \sum_i p_i^* \cdot L_{\text{reg}}(t_i, t_i^*)}{N_{\text{reg}}} \qquad (5\text{-}2)$$

在式（5-2）中，$t_i = [t_x, t_y, t_w, t_h]$ 表示 RPN 候选锚框的预测偏移量，$t_i^* = [t_x^*, t_y^*, t_w^*, t_h^*]$ 表示 RPN 候选锚框与真值边界框的实际偏移量。$L_{\text{reg}}(t_i, t_i^*)$ 表示单个候选框的回归损失，其具体表达式如式（5-3）所示。

$$L_{\text{reg}}(t_i, t_i^*) = R(t_i - t_i^*)$$

$$R(x) = \begin{cases} 0.5x^2 \cdot \dfrac{1}{\sigma^2}, & |x| < \dfrac{1}{\sigma^2} \\ |x| - 0.5, & \text{其他} \end{cases} \qquad (5\text{-}3)$$

分类回归网络的分类和回归过程与 RPN 的分类和回归过程略有不同，区别在于 RPN 的分类回归的目的是筛选出含有目标的区域，分类回归网络则是对 RPN 提供的候选框进行再次分类和回归，识别目标的具体类别和位置。

分类回归网络的分类损失为多分类损失，其表达式如式（5-4）所示。

$$L_{\text{CLASScls}} = \frac{\lambda \cdot \sum_i -\log[p_i^* p_i + (1 - p_i^*)(1 - p_i)]}{N_{\text{cls}}} \qquad (5\text{-}4)$$

分类回归网络的边界框回归损失与 RPN 的回归损失的计算方法一致。自定义 Faster R-CNN 的损失函数，如代码 5-4 所示。

代码 5-4　自定义 Faster R-CNN 的损失函数

```
# 定义 RPN 输出的候选框类别损失
def cls_loss(ratio=3):
    def _cls_loss(y_true, y_pred):
        labels = y_true
        anchor_state = y_true[:, :, -1]  # -1是需要忽略的，0是背景，1是存在目标
        classification = y_pred
        # 找出存在目标的先验锚框
        indices_for_object = tf.where(keras.backend.equal(anchor_state, 1))
        labels_for_object = tf.gather_nd(labels, indices_for_object)
        classification_for_object = tf.gather_nd(classification, indices_
for_object)
        cls_loss_for_object=keras.backend.binary_crossentropy
(labels_for_object, classification_for_object)
        # 找出实际上为背景的先验锚框
```

```
            indices_for_back = tf.where(keras.backend.equal(anchor_state, 0))
            labels_for_back = tf.gather_nd(labels, indices_for_back)
            classification_for_back = tf.gather_nd(classification, indices_
for_back)
            # 计算每一个先验锚框应该有的权重
            cls_loss_for_back = keras.backend.binary_crossentropy(labels_
for_back, classification_for_back)
            # 标准化，实际上是正样本的数量
            normalizer_pos = tf.where(keras.backend.equal(anchor_state, 1))
            normalizer_pos = keras.backend.cast(keras.backend.shape
(normalizer_pos)[0], keras.backend.floatx())
            normalizer_pos = keras.backend.maximum(keras.backend.
cast_to_floatx(1.0), normalizer_pos)
            normalizer_neg = tf.where(keras.backend.equal(anchor_state, 0))
            normalizer_neg = keras.backend.cast(keras.backend.
shape(normalizer_neg)[0], keras.backend.floatx())
            normalizer_neg = keras.backend.maximum(keras.backend.
cast_to_floatx(1.0), normalizer_neg)
            # 将所获得的损失除上正样本的数量
            cls_loss_for_object = keras.backend.sum(cls_loss_for_object) /
normalizer_pos
            cls_loss_for_back = ratio * keras.backend.sum(cls_loss_for_back) /
normalizer_neg
            # 总的损失
            loss = cls_loss_for_object + cls_loss_for_back
            return loss
        return _cls_loss
# 定义 RPN 输出的候选框回归损失
def smooth_l1(sigma=1.0):
    sigma_squared = sigma ** 2
    def _smooth_l1(y_true, y_pred):
        regression = y_pred
        regression_target = y_true[:, :, :-1]
        anchor_state = y_true[:, :, -1]
```

```python
        # 找到正样本
        indices = tf.where(keras.backend.equal(anchor_state, 1))
        regression = tf.gather_nd(regression, indices)
        regression_target = tf.gather_nd(regression_target, indices)
        # 计算 smooth L1 损失
        regression_diff = keras.backend.abs(regression_diff)
        regression_loss = tf.where(
            keras.backend.less(regression_diff, 1.0 / sigma_squared),
            0.5 * sigma_squared * keras.backend.pow(regression_diff, 2),
            regression_diff - 0.5 / sigma_squared
        )
        # 将上面求得的损失进行标准化处理
        normalizer = keras.backend.maximum(1, keras.backend.shape(indices)[0])
        normalizer = keras.backend.cast(normalizer, dtype=keras.backend.floatx())
        loss = keras.backend.sum(regression_loss) / normalizer
        return loss
    return _smooth_l1


# 边界分类网络输出预测框回归损失
def class_loss_regr(num_classes):
    epsilon = 1e-4  # 定义精度
    # 计算预测值与真实值差异
    def class_loss_regr_fixed_num(y_true, y_pred):
        x = y_true[:, :, 4 * num_classes:] - y_pred
        x_abs = K.abs(x)  # 取绝对值
        # 判断绝对值是否小于 1.0，并将结果类型转换为 float32
        x_bool = K.cast(K.less_equal(x_abs, 1.0), 'float32')
        # 计算回归损失
        loss = 4 * K.sum(
            y_true[:, :, :4 * num_classes] * (x_bool * (0.5 * x * x) +
(1 - x_bool) * (x_abs - 0.5))) / K.sum(
            epsilon + y_true[:, :, :4 * num_classes])
        return loss
    return class_loss_regr_fixed_num
```

```
# 边界分类网络输出预测框类别损失
def class_loss_cls(y_true, y_pred): return K.mean(categorical_crossentropy
(y_true[0, :, :], y_pred[0, :, :]))  # 计算平均交叉熵损失
```

代码详见：./nets/frcnn_training.py。

5.2.5　训练网络

完成损失函数的定义后开始训练模型，采用 Adam 优化器训练 100 个循环。初始学习率设置为 0.0001，并随着训练循环次数和损失收敛情况进行衰减。训练 Faster R-CNN 如代码 5-5 所示。

代码 5-5　训练 Faster R-CNN

```
config = Config()  # 实例化配置对象
NUM_CLASSES = 21  # 定义类别总数，类别总数=1+数据集类别总数
EPOCH = 100  # 定义网络训练循环迭代数
Learning_rate = 1e-4  #定义学习率
# 实例化边界框对象
bbox_util = BBoxUtility(overlap_threshold=config.rpn_max_overlap, ignore_
threshold=config.rpn_min_overlap)
# 定义数据集标注文件
annotation_path = '2012_train.txt'
model_rpn, model_classifier, model_all = get_model(config,NUM_CLASSES)
# 构建网络模型
base_net_weights = 'model_data/voc_weights.h5'
# 输出模型结构
model_all.summary()
# 定义 RPN 模型的损失函数
model_rpn.compile(loss={'regression': smooth_l1(), 'classification': cls_loss()},
optimizer=keras.optimizers.Adam(lr=Learning_rate))
model_classifier.compile(loss=[class_loss_cls, class_loss_regr(NUM_CLASSES
- 1)], metrics = {'dense_class_{}'.format (NUM_CLASSES): 'accuracy'}, optimizer=
keras.optimizers.Adam(lr=Learning_rate))
# 定义模型的优化器为随机梯度下降，损失函数为均方差损失
model_all.compile(optimizer='sgd', loss='mse')
train_model()
```

```
# 加载预训练模型
model_rpn.load_weights('model_data/voc_weights.h5', by_name=True)
model_classifier.load_weights('model_data/voc_weights.h5', by_name=True)
```

　　代码详见：./train.py。

5.3　结果分析

　　训练结果如图 5-6 所示，图 5-6（a）所示为 RPN 边界框回归损失，图 5-6（b）所示为 RPN 边界框分类（二分类判断是否为前景）损失，图 5-6（c）所示为目标边界框回归损失，图 5-6（d）所示为目标边界框分类损失。由于计算机计算性能和模型初始化参数不同，每次运行的结果不一定相同。

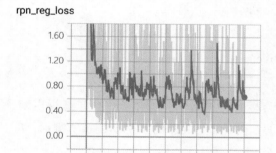

（a）RPN边界框回归损失

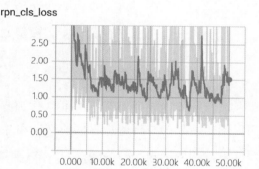

（b）RPN边界框分类损失

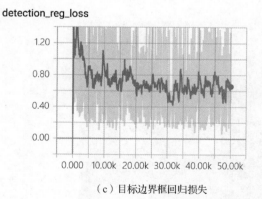

（c）目标边界框回归损失

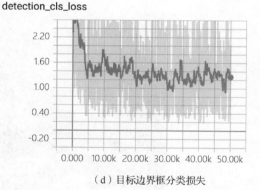

（d）目标边界框分类损失

图 5-6　训练结果

　　假定在 10000 个样本中有 100 个正样本，剩余均为负样本，真实正负样本和预测正负样本之间的关系可以通过混淆矩阵进行表示，混淆矩阵如表 5-2 所示。

表 5-2　混淆矩阵

样本类型	预测正样本	预测负样本
真实正样本	TP=60	FN=40
真实负样本	FP=140	TN=9760

混淆矩阵中各英文简写的含义如下。

TP（True Positive）：真实值为正样本被预测为正样本的样本数。

TN（True Negative）：真实值为负样本被预测为负样本的样本数。

FP（False Positive）：真实值为负样本被预测为正样本的样本数。

FN（False Negative）：真实值为正样本被预测为负样本的样本数。

模型的精度可以表示为如式（5-5）所示。

$$\text{Precision} = \frac{\text{TP}}{\text{TP+FP}} \tag{5-5}$$

对于同一个类别的 N 个样本，模型的平均精度可以表示为如式（5-6）所示。

$$\text{AP} = \frac{\sum_i \text{Precision}(i)}{N} \tag{5-6}$$

在目标检测问题中，使用 IoU 作为判定目标是否被检测到的依据。IoU 是指模型预测得到的边界框与真值边界框的交集和并集面积的比值。IoU 的示例如图 5-7 所示，IoU 的计算公式如式（5-7）所示，P 为模型预测得到的边界框，G 为真值边界框。

$$\text{IoU} = \frac{P \cap G}{P \cup G} \tag{5-7}$$

图 5-7　IoU 的示例

在 PASCAL VOC 挑战赛中，满足 IoU > 0.5 的边界框可以被认为是成功检测出目标的边界框。模型的识别精度由每种类别的检测精度以及总体的平均精度（Mean Average Precision，mAP）进行定量评估。对于 N 个类别的目标检测模型，mAP 可以表示为如式（5-8）所示。

$$\text{mAP} = \frac{\sum_i \text{AP}(i)}{N} \qquad （5\text{-}8）$$

以 ResNet101 为主干网络的 Faster R-CNN 目标检测方法在 VOC 2012 数据集上的 mAP 为 75.7。将训练得到的模型进行封装，构建成目标检测 API，通过代码实现对某街道监控视频的车辆、行人检测。

首先读取视频中的每一帧图像，然后对每一帧图像进行目标检测，最后将检测完成的帧图像通过 OpenCV 写成新的视频，检测效果如图 5-8 所示。

图 5-8　视频目标检测效果

目标检测应用到视频时，并非对每一帧都单独使用检测算法进行目标检测，通常是在某一帧图像上进行目标检测，然后结合前后帧的上下文关系进行跟踪。具体的实现方法有兴趣的读者可以自行查阅相关论文进行拓展学习。

小结

本章主要介绍以 Faster R-CNN 实现通用目标检测的方法。首先对用于训练目标检测算法的 PASCAL VOC 数据集进行了介绍。然后介绍了 Faster R-CNN 目标检测算法的先验锚框、损失函数、训练网络的定义方法，着重讲解了 Faster R-CNN 中分类回归网络和 RPN 的损失的计算方法。最后对 Faster R-CNN 的训练结果进行了分析并对目标检测算法的评价指标进行了讲解和说明。

课后习题

1. 选择题

（1）相较于基于人工标注特征的传统算法，基于深度学习技术的方法具有（　　　）等优点。

   A. 结构灵活   B. 手动提取特征

   C. 检测速度快   D. 检测精度高

（2）基于深度学习的目标检测方法主要分为（　　　）。

   A. 单阶段法   B. 二阶段法   C. 三阶段法   D. 四阶段法

（3）以下常用于目标检测的数据集有（　　　）。

   A. CIFAR10   B. DeepFashion C. MNIST   D. VOC 2012

（4）RPN 产生的候选框进行（　　　）。

   A. 一分类   B. 二分类   C. 三分类   D. 多分类

（5）以下属于混淆矩阵的有（　　　）。

   A. TN   B. TP   C. FN   D. FP

（6）以下可用于计算识别精度的有（　　　）。

   A. TN   B. TP   C. FN   D. FP

（7）评价目标检测 mAP 指标指的是预测框和真实框的（　　　）。

   A. 交集   B. 并集   C. 交并比   D. 并交比

（8）下列会被标记为前景标本的锚框是（　　　）。

   A. 与真值候选区域完全重叠

   B. 与真值候选区域重叠比例为 0.5

   C. 与真值候选区域重叠比例为 0.2

   D. 与真值候选区域重叠比例为 0.8

（9）属于训练 Faster R-CNN 损失函数的有（　　　）。

   A. RPN 边界框回归损失   B. RPN 边界框分类损失

   C. 特征提取回归损失   D. 特征提取分类损失

（10）Faster R-CNN 中 ROI Pooling 的作用是（　　　）。

   A. 下采样   B. 上采样   C. 固定大小输出   D. 特征融合

2. 填空题

（1）Faster R-CNN 主要由 3 部分组成，即＿＿＿＿＿、＿＿＿＿＿和＿＿＿＿＿＿＿。

（2）分类回归网络的分类和回归过程与 RPN 的区别在于 RPN 的分类回归目的是＿＿＿＿＿＿＿＿＿＿，分类回归网络则是对 RPN 提供的候选框＿＿＿＿＿＿＿＿＿，识别目标的具体类别和位置。

（3）在神经网络训练时，以真实的边框位置相对于预设边框的＿＿＿＿＿来构建训练样本。

（4）已知混淆矩阵，精度计算公式为＿＿＿＿＿＿＿＿＿＿＿＿＿＿＿＿＿。

（5）计算 RPN 锚框回归损失需要 3 组信息：RPN 预测出的＿＿＿＿＿＿＿的中心位置坐标和其预测的宽高；＿＿＿＿＿＿＿＿所对应的 9 个不同尺寸和比例的边框的中心点位置坐标和宽高；＿＿＿＿＿＿＿＿＿＿对应的中心点位置坐标和框的宽高。

3．简答题

（1）先验锚框是什么？

（2）RPN 中的分类损失为什么是二分类？

（3）简述 ROI Pooling 的作用。

第 6 章 基于 U-Net 的城市道路场景分割实战

图像语义分割是计算机视觉领域的关键问题之一，可应用于自动驾驶、机器人室内导航、医学图像诊断、卫星图像处理、环境分析等任务。在自动驾驶任务中，获取到当前道路图像后，利用语义分割技术进行分割，提取道路信息帮助驾驶辅助系统及自动驾驶系统进行决策。本章将通过 U-Net 算法对城市道路场景的分割任务进行实战。

学习目标

（1）了解语义分割的基本概念和应用。
（2）掌握 CamVid 数据集的读取方法。
（3）掌握 U-Net 的设计方法。
（4）掌握语义分割网络损失函数的设计方法。
（5）掌握评价语义分割算法的方法。

6.1　背景与目标

自动驾驶系统中的一项重要核心技术——图像语义分割（Image Semantic Segmentation）。图像语义分割作为计算机视觉中图像理解（Image Understanding）的重要一环，不仅在工业界的需求日益凸显，同时也是当下学术界的研究热点之一。

深入无人驾驶领域，对于场景的感知是一个棘手且十分重要的课题。图像语义分割作为无人驾驶的核心算法技术，将车载摄像头或激光雷达探查到的图像输入神经网络中，后台计算机可以自动将图像分割归类，以避让行人和车辆等障碍。与分类的目的不同，语义分割相关模型要具有像素级的密集预测能力。本节将介绍案例的背景、目标和项目工程结构。

6.1.1　背景

随着社会发展和科技进步，人们的生活水平逐步提高，汽车为人们的出行带来便利，但是交通安全问题也日益突出。例如，驾驶员危险驾驶、分心驾驶、违反交通法规等问题都可能会威胁到生命安全并造成财产损失。为此，人们正在努力寻找一种方法，通过机器的自动控制，辅助驾驶员安全行驶，避免因为人为的过失造成事故，因此诞生了汽车中的自动驾驶系统和驾驶辅助系统。

　　自动驾驶系统主要分为 3 个部分：感知、决策、运动控制。其中感知部分旨在从车载传感器捕获的数据中准确识别出可行驶区域、车道线、车辆、行人、交通信号灯、交通标志牌等信息，为自动驾驶系统决策和控制提供依据，是自动驾驶系统的基础。自动驾驶环境感知与高层语义分析平台架构如图 6-1 所示。

图 6-1　自动驾驶环境感知与高层语义分析平台架构

　　在自动驾驶技术中，对道路环境的感知至关重要。对道路环境的感知可以通过对行车道路图像进行分割实现。

　　当前，环境感知仍然是阻碍自动驾驶落地的技术瓶颈，主要存在泛化能力及鲁棒性不足的缺点。语义分割作为感知中的重要部分，分割性能的好坏直接关系到自动驾驶的安全。自动驾驶时传感器会拍摄大量的图像，对这些图像中的车辆、行人和道路进行语义分割研究，有着重要的学术意义和应用价值。

　　基于深度学习的语义分割是利用卷积神经网络从充足的人工标注样本中学习对象的语义表达模型，是一种有监督算法，具有更强的语义表达能力。2015 年，乔纳森等人首次提出了全卷积神经网络（FCN）。它以分类网络 AlexNet、VGGNet、GoogLeNet 为基础，将分类模型的全连接层替换为卷积层，进而将图像分类任务转换为图像语义分割任务。为了使网络输入与输出大小相同，FCN 在进行图像语义分割时将特征图上采样到与输入图像相同的分辨率。同时上采样过程中的特征会与网络浅层学习到的特征进行融合，以得到更好的分割结果，解决了深度学习在语义分割中高复杂度的难题，从此拉开了基于深度学习的语义分割的序幕。

6.1.2　目标

　　图像语义分割是进行视觉感知的基础工作。然而道路场景物体复杂多变，面向自动驾驶的语义分割对算法的鲁棒性及泛化能力提出了极高的要求，而基于深度学习的语义分割方法能够依据先验对象实现准确地建模，能够达到自动驾驶级别的图像语义分割要求。基于深度学习的语义分割原理在 3.5.2 小节有详细介绍，在此不做展开讲解。

本章将通过 CamVid 数据集训练 U-Net 语义分割网络对城市道路场景进行图像分割，实现获取并感知城市道路环境的目的。

6.1.3　项目工程结构

本案例工作目录包括 4 个文件夹和 4 个 PY 文件，如图 6-2 所示。

dataset 文件夹中存放的是案例的原始数据集，如图 6-3 所示，其中 test、train、val 文件夹中存放的是待分割图像，testannot、trainannot、valannot 文件夹中存放的是真实的分割图像，label_colors.txt 文件中定义了不同类别物体使用的绘画颜色。logs 文件夹中存放的是模型训练的日志文件。result 文件夹中存放的是图像分割的输出文件。weights 文件夹中存放的是模型的权重文件。

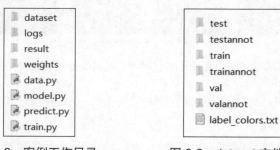

图 6-2　案例工作目录　　　　图 6-3　dataset 文件夹

data.py 文件用于加载图像数据。model.py 文件夹用于构建 U-Net。predict.py 文件夹用于模型测试。train.py 文件用于训练网络并保存权重。

6.2　流程与步骤

训练 U-Net 语义分割网络实现城市道路场景分割的流程如图 6-4 所示，主要包括以下步骤。

（1）将 CamVid 数据集划分为训练集、验证集和测试集，并对不同语义像素进行染色。

（2）构建 U-Net 的收缩路径和扩展路径，将收缩路径和扩展路径中对应步骤的特征图进行融合。

（3）定义二元交叉熵损失函数和 Dice Loss 函数，用于判断模型输出与真实值的距离。

（4）定义训练参数和优化器后训练网络。

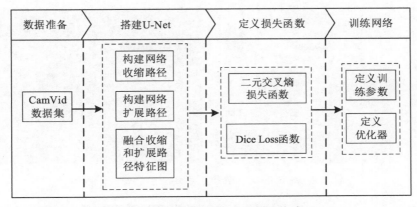

图 6-4　训练 U-Net 语义分割网络流程

6.2.1　数据准备

英国剑桥大学工作者在汽车驾驶视角安装的 30 帧摄像头拍摄了汽车在伦敦市区行驶的视频。CamVid 数据集通过抽帧的方式在视频中获得图像，总共从 4 段视频片段中抽取了 701 张图片，CamVid 数据集图像示例如图 6-5 所示。CamVid 数据集中涵盖了阴天、晴天等不同光照强度的场景，以及街区、郊区、停车场、加油站等不同地区的场景。

图 6-5　CamVid 数据集图像示例

该数据集的标注图像中共包含天空、建筑、电线杆、道路、人行道、车道线、摩托车、树木、信号标志、栅栏、汽车、行人和骑自行车的人等 31 个语义类别，同时还包含一个未标注区域，共有 32 个像素类别。CamVid 数据集标注图像如图 6-6 所示，标注图像的像素值根据类别进行划分，因此标注图像的像素值范围为 0 到 31。

通过 CamVid 数据集的 label_colors.txt 文件，可以对不同语义像素进行染色，如图 6-7 所示，从而对标注图像的显示达到更加直观的效果。

图 6-6　CamVid 数据集标注图像

图 6-7　不同语义像素染色

加载 CamVid 数据集如代码 6-1 所示。将数据集按一定比例随机划分为训练集、验证集和测试集，其中训练集 473 幅图像，验证集 162 幅图像，测试集 66 幅图像。

代码 6-1　加载 CamVid 数据集

```
def load(folder,image_shape=(256,256)):
    # 下载数据集
    originals = []
    annotations = []
    for filename in map(lambda path: os.path.basename(path), glob.glob
(f'./dataset/{folder}/*.png')):
        path1 = f'./dataset/{folder}/' + filename
        path2 = f'./dataset/{folder}annot/' + filename.split(".")[0]+"_P.png"

        image = cv2.imread(path1)
        image = cv2.resize(image,image_shape)
        image = np.float32(image) / 255.
        originals.append(image)
```

```
        image_label = cv2.imread(path2)[:, :, 0]

        image_label = cv2.resize(image_label, image_shape)

        labels = []

        for i in range(32):

                label = image_label == i

                label = np.asarray(label, np.int)

                labels.append(label)

        annotation = np.array(labels, dtype=np.int8)

        annotation = np.transpose(annotation, (1, 2, 0))

        annotations.append(annotation)

    annotations = np.array(annotations, dtype=np.float32)

    originals = np.array(originals, dtype=np.float32)

    return (originals, annotations)
```

代码详见：./data.py。

6.2.2　搭建 U-Net

U-Net 属于全卷积神经网络，是一个有监督的端到端的图像分割网络，由德国弗赖堡大学的奥拉夫（Olaf）在 IEEE 生物医学成像国际会议（ISBI）举办的细胞影像分割比赛中提出。U-Net 的结构形似字母 U，共有 27 层卷积层，进行了 4 次下采样与 4 次上采样，无全连接层，U-Net 结构如图 6-8 所示。

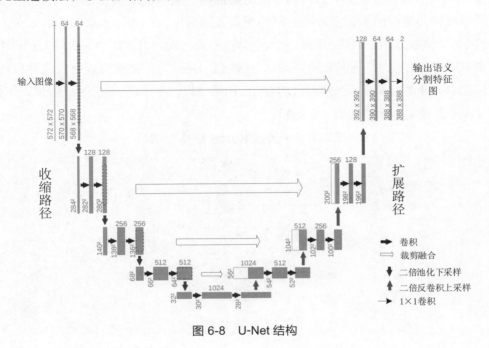

图 6-8　U-Net 结构

191

U-Net 由两部分组成，分别为收缩路径（编码层）和扩展路径（解码层）。收缩路径用于提取图像的上下文信息，扩展路径用于对图像中的感兴趣区域进行精准定位。U-Net 基于 FCN 进行改进，采用数据增强的策略，可以实现对小样本数据的准确学习。不同于 FCN 对图像进行简单的编码和解码，U-Net 为了对分割目标实现准确定位，将收缩路径上提取的特征图在上采样过程中与上采样得到的特征图采用堆叠的方式进行特征图融合，最大限度地保留收缩路径中的特征信息。为了能使 U-Net 更高效地学习，网络结构中没有全连接层，减少需要学习的参数。

在收缩路径中，每两个卷积层后会连接池化窗为 2×2、步长为 2 的最大池化层实现对特征图的下采样，卷积层中卷积核的尺寸为 3×3、步长为 1，每个卷积层后面使用 ReLU 函数进行激活。每一次下采样处理后通道数增加一倍。下采样后通道数若保持不变，会让神经网络层间信息量减少，而增加一倍通道数可以保持层间流动的信息量与原来的差不多。

在扩展路径中，使用尺寸为 2×2 的卷积核进行反卷积，实现对特征图的上采样，并采用 ReLU 函数进行激活。每个反卷积层后连接两个卷积层，每个卷积层的卷积核尺寸为 3×3、步长为 1。反卷积的输出将与对应收缩路径下采样层输出的浅层局部特征进行裁剪融合，从而恢复特征图细节并保证相应的空间信息维度不变。

U-Net 的最后一层采用卷积核尺寸为 1×1、步长为 1 的卷积，该层卷积把 64 通道的特征图转换为待分割种类数目的特征图。在图 6-8 中，因为作者提出该网络用于分割细胞壁，只需要实现像素二分类，所以该卷积层的输出通道数为 2。在实际应用中，最后一个卷积层的输出通道数量应为训练数据的类别数。模型输出结果是一个与输入图像大小相同的掩膜，掩膜的个数由需要分割的像素类别确定。例如，本章训练的 CamVid 数据集有 32 个像素类别，则输出的张量大小为[n, 320, 320, 32]，其中 n 为输入图像数量。

本章以 VGG16 网络为基础特征网络，搭建 U-Net。为了使模型快速收敛并取得较强的泛化能力，可借助 Keras 框架提供的 VGG 网络 API，并加载 ImageNet 的预训练权重。通过 Keras 搭建 U-Net 如代码 6-2 所示。

代码 6-2　通过 Keras 搭建 U-Net

```
def unet(input_shape=(320, 320, 3), weights='imagenet',num_cls = 32):
    #加载 ImageNet 预训练权重
    vgg16_model = VGG16(input_shape=input_shape,
                        weights=weights,
                        include_top=False,
                        backend=keras.backend,
                        layers=keras.layers,
                        models=keras.models,
```

```
                    utils=keras.utils)
    # VGG16 经过 4 次下采样编码得到 20×20 的特征图
    block4_pool = vgg16_model.get_layer('block4_pool').output
    block5_conv1 = Conv2D(1024, 3, activation='relu', padding='same',
kernel_initializer='he_normal')(block4_pool)
    block5_conv2 = Conv2D(1024, 3, activation='relu', padding='same',
kernel_initializer='he_normal')(block5_conv1)
    block5_drop = Dropout(0.5)(block5_conv2)


    # 第 1 次上采样解码，与 VGG 第 3 次下采样编码的结果融合得到 40×40 的特征图
block6_up = Conv2D(512, 2, activation='relu', padding='same', kernel_
initializer='he_normal')\
(UpSampling2D(size=(2, 2))(block5_drop))
    block6_merge = Concatenate(axis=3)([vgg16_model.get_layer
('block4_conv3').output, block6_up])
    block6_conv1 = Conv2D(512, 3, activation='relu', padding='same',
kernel_initializer='he_normal')(block6_merge)
    block6_conv2 = Conv2D(512, 3, activation='relu', padding='same',
kernel_initializer='he_normal')(block6_conv1)
    block6_conv3 = Conv2D(512, 3, activation='relu', padding='same',
kernel_initializer='he_normal')(block6_conv2)


    # 第 2 次上采样解码，与 VGG 第 2 次下采样编码的结果融合得到 80×80 的特征图
    block7_up = Conv2D(256, 2, activation='relu', padding='same',
kernel_initializer='he_normal')(
        UpSampling2D(size=(2, 2))(block6_conv3))
    block7_merge = Concatenate(axis=3)([vgg16_model.get_layer
('block3_conv3').output, block7_up])
    block7_conv1 = Conv2D(256, 3, activation='relu', padding='same',
kernel_initializer='he_normal')(block7_merge)
    block7_conv2 = Conv2D(256, 3, activation='relu', padding='same',
kernel_initializer='he_normal')(block7_conv1)
    block7_conv3 = Conv2D(256, 3, activation='relu', padding='same',
kernel_initializer='he_normal')(block7_conv2)
```

```
    # 第 3 次上采样解码，与 VGG 第 1 次下采样编码的结果融合得到 160×160 的特征图
    block8_up = Conv2D(128, 2, activation='relu', padding='same',
kernel_initializer='he_normal')(
        UpSampling2D(size=(2, 2))(block7_conv3))
    block8_merge = Concatenate(axis=3)([vgg16_model.get_layer
('block2_conv2').output, block8_up])
    block8_conv1 = Conv2D(128, 3, activation='relu', padding='same',
kernel_initializer='he_normal')(block8_merge)
    block8_conv2 = Conv2D(128, 3, activation='relu', padding='same',
kernel_initializer='he_normal')(block8_conv1)

    # 第 4 次上采样解码，与 VGG 下采样之前编码的结果融合得到 320×320 的特征图
    block9_up = Conv2D(64, 2, activation='relu', padding='same',
kernel_initializer='he_normal')(
        UpSampling2D(size=(2, 2))(block8_conv2))
    block9_merge = Concatenate(axis=3)([vgg16_model.get_layer
('block1_conv2').output, block9_up])
    block9_conv1 = Conv2D(64, 3, activation='relu', padding='same',
kernel_initializer='he_normal')(block9_merge)
    block9_conv2 = Conv2D(64, 3, activation='relu', padding='same',
kernel_initializer='he_normal')(block9_conv1)
    block10_conv1 = Conv2D(64, 3, activation='relu', padding='same',
kernel_initializer='he_normal')(block9_conv2)

    # 将最后的特征图映射到像素分类空间中，卷积输出通道数为像素类别数
    block10_conv2 = Conv2D(num_cls, 1, activation='sigmoid')(block10_conv1)

    model = Model(inputs=vgg16_model.input, outputs=block10_conv2)
    return model
```

代码详见：./model.py。

6.2.3 定义损失函数

U-Net 最后一层卷积的激活函数为 Sigmoid 函数，输出掩膜中每个像素值的分布区间

为 0～1，表示该像素值属于某类别的概率。相应地，CamVid 数据集训练的模型输出有 32 个掩膜，每个掩膜的像素值对应相应类别的概率。采用二分类常用的二元交叉熵损失函数判断每个掩膜的输出与真实值的距离，二元交叉熵损失函数的表达式如式（6-1）所示。

$$L_{BCE} = \frac{\sum_{i=1}^{N}\left[y_i \cdot \log(p(x_i)) + (1-y_i) \cdot \log(1-p(x_i))\right]}{N} \qquad （6\text{-}1）$$

在式（6-1）中，y_i 表示真实值，$p(x_i)$ 表示模型预测概率值，N 为像素数量。

在分割图像的像素类别中，存在车道线、电线杆、行人等在图像中占比较小的目标对象，其像素数量会小于背景像素数量并且相距较远，由此产生了类不平衡问题。如果仅使用二元交叉熵损失函数对模型进行优化，在模型损失较小时，占比较小的目标的分割效果依然欠佳。因此引入了 Dice Loss 函数，增加占比较小的目标错误分类时产生的损失。Dice Loss 函数的表达式如式（6-2）所示。

$$L_{Dice} = 1 - \frac{2|X \cap Y|}{|X|+|Y|} \qquad （6\text{-}2）$$

在式（6-2）中，X 为预测像素的集合，Y 为真实像素的集合。当两个集合的并集与交集的两倍相等时，Dice Loss 函数取得最小值，此时预测像素的集合 X 与真实像素的集合 Y 完全一致。

二元交叉熵损失值与像素数量 N 有关，当某些目标类的像素数量较少时模型无法取得较好的分割效果。而 Dice Loss 的值仅与预测结果与真实结果的 IoU 相关，与像素数量无关，因此能够较好地解决像素数量相距较远产生的类不平衡问题。定义损失函数如代码 6-3 所示。

代码 6-3　定义损失函数

```python
def loss(y_true, y_pred):
    smooth = 1.
    def dice_coef(y_true, y_pred):
        y_true_f = K.flatten(y_true)
        y_pred_f = K.flatten(y_pred)
        intersection = K.sum(y_true_f * y_pred_f)
        return (2. * intersection + smooth) / (K.sum(y_true_f * y_true_f) +
K.sum(y_pred_f * y_pred_f) + smooth)
    return binary_crossentropy(y_true, y_pred)+0.1*(1.-dice_coef(y_true,
y_pred))
```

代码详见：./train.py。

6.2.4　训练网络

定义训练参数、模型权重路径和训练日志路径，并采用 Adam 优化器训练 U-Net 如代码 6-4 所示。

代码 6-4 训练 U-Net

```
def main():
    # 定义训练参数
    batch_size = 4                    #批次训练样本数量
    Epochs = 50                       #训练轮次
    learning_rate = 0.0001            #初始学习率
    weights_path = 'weights/'         #权重保存路径
    directory = 'logs/'               #训练日志保存路径
    img_size = 320                    #模型输入图像大小


    # 定义模型
    model = U-Net(input_shape=(img_size, img_size,3), num_cls=32)
    # 输出模型
    model.summary()
    # 定义模型优化器和训练回调函数
    model.compile(optimizer=Adam(lr=learning_rate), loss=loss, metrics=
['accuracy'])
    checkpoint = ModelCheckpoint(
        weights_path + 'ep{epoch:03d}-loss{loss:.3f}-val_loss{val_loss:.3f}
-val_acc{val_acc:.3f}1.h5',
        monitor='val_acc', save_weights_only=True, save_best_only=True,
mode='max', period=1)
    tensorboard = TensorBoard(log_dir=directory, batch_size=batch_size)
    callbacks = [checkpoint, tensorboard]


    # 开始训练
    model.fit_generator(
            generator=Generator(batch_size=batch_size,image_shape=(img_size,
img_size),shuffle=True,folder = "train"),
            steps_per_epoch=int(473/batch_size),
            validation_data = Generator(batch_size=batch_size,
image_shape=(img_size, img_size),shuffle=False, folder="val"),
            validation_steps=int(162/batch_size),
```

```
epochs=Epochs,
shuffle=True,verbose=1,callbacks=callbacks)
```

代码详见：./train.py。

6.3　结果分析

训练 U-Net 50 个循环后，训练结果如图 6-9 所示。其中图 6-9（a）所示为训练集精度、图 6-9（b）所示为训练集损失、图 6-9（c）所示为验证集精度、图 6-9（d）所示为验证集损失，验证集精度最高达到 0.912。由于计算机计算性能和模型初始化参数不同，每次运行的结果不一定相同。

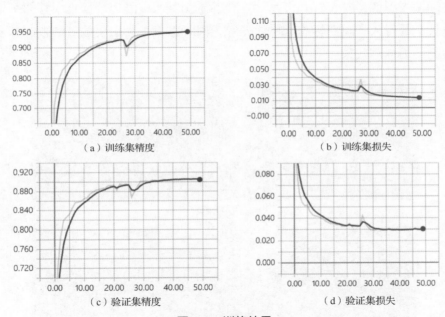

图 6-9　训练结果

测试集共有 66 张图片，以类别平均交并比 mIoU 和像素分类准确率 Accuracy 作为评价指标。真实值与预测值的交集如图 6-10 所示，类别平均交并比 mIoU 本质上就是通过计算预测掩膜和真实掩膜的交集和并集的比值来判断掩膜的分割效果。像素分类准确率为掩膜分类正确的像素数量和掩膜像素总量的比值。

图 6-10　真实值与预测值的交集

对训练的模型结果进行测试，结果如表 6-1 所示。由于部分类别像素在测试集中不存在或者占比非常小，可以忽略不计，因此表 6-1 中仅列举几个在测试集图像中像素占比较大的类别。

深度学习与计算机视觉实战

表 6-1　模型测试结果

总体准确率	类别名	mIoU
	建筑	0.83
	车辆	0.71
	车道线	0.56
0.91	道路	0.94
	人行道	0.78
	天空	0.91
	树木	0.67
	墙	0.52

　　U-Net 测试图像分割效果如图 6-11 所示，图 6-11（a）所示为标签图像，图 6-11（b）所示为实际输入图像，图 6-11（c）所示为模型输出结果。因为数据集中并非每幅图像都存在占比较小的行人、道路标志、电线杆等，同时也由于数据集数量的限制，模型无法取得较为完美的分割效果。

（a）标签图像

（b）实际输入图像

（c）模型输出结果

图 6-11　U-Net 测试图像分割效果

第 ❻ 章 基于 U-Net 的城市道路场景分割实战

小结

本章主要介绍了基于 U-Net 实现的城市道路环境感知与分割。首先介绍了图像语义分割在自动驾驶技术及相关视觉导航任务中的作用。然后介绍了本章使用的数据集，并详细说明了 U-Net 的基本原理和实现方法以及训练 U-Net 使用的损失函数。最后对训练得出的结果进行分析，利用测试数据对算法进行了性能评估。

课后习题

1. 选择题

（1）图像语义分割的主要应用是（　　　）。

    A. 汽车自动驾驶　　　　　　　　B. 地理信息系统

    C. 医疗影像分析　　　　　　　　D. 机器人等领域

（2）全卷积神经网络去掉的网络层是（　　　）。

    A. 2D 卷积层　　B. 池化层　　　C. 全连接层　　　　D. 归一化层

（3）以下属于语义分割网络的有（　　　）。

    A. FCN　　　　　　　　　　　　B. Faster R-CNN

    C. U-Net　　　　　　　　　　　D. YOLOv3

（4）以下可用于语义分割网络数据集有（　　　）。

    A. CIFAR10　　B. LFW　　　　C. MNIST　　　　D. CamVid

（5）本章案例中解决小目标导致的类别不平衡问题的损失函数是（　　　）。

    A. CE Loss　　B. Dice Loss　　C. WCE Loss　　D. Focal Loss

（6）语义分割算法的评价指标有（　　　）。

    A. 执行时间　　B. 像素精度　　C. 内存占用　　D. 平均交并比

（7）U-Net、SegNet 等语义分割网络本质上还是（　　　）模型架构。

    A. Encoder　　B. Decoder　　C. Encoder-Decoder　D. CRFs

（8）语义分割网络中常使用的上采样方法有（　　　）。

    A. 2D 卷积　　B. 2D 池化　　C. 转置卷积　　　D. 池化

（9）U-Net 保留浅层局部特征的方法是（　　　）。

    A. 使用全卷积神经网络　　　　　B. 上采样特征与下采样特征融合

    C. 使用空洞卷积　　　　　　　　D. 网络最后一层使用核为 1×1 的卷积

（10）U-Net 使用的损失函数是（　　　）。

    A. 二元交叉熵损失函数　　　　　B. 三元组损失函数

    C. Dice loss 函数　　　　　　　D. 均方误差损失函数

2．填空题

（1）U-Net 由＿＿＿＿＿＿＿＿＿＿＿＿两部分组成，＿＿＿＿＿＿主要用来提取图片的上下文信息，＿＿＿＿＿＿用于对图片中的感兴趣区域进行精准定位。

（2）U-Net 基于＿＿＿＿进行改进，采用＿＿＿＿＿＿的策略，可以实现对小样本数据的准确学习。

（3）U-Net 为了对分割目标实现准确定位，收缩路径上提取出来的特征图会在上采样过程中与新的特征图采用＿＿＿＿的方式进行特征图＿＿＿＿，以最大限度地保留收缩路径中下采样过程中的特征信息。

（4）由于分割图像的像素类别中，存在图像中占比较小的目标对象，因此会造成类＿＿＿＿＿＿问题，对＿＿＿＿＿＿＿＿＿＿的分割效果欠佳。

3．简答题

（1）为什么 U-Net 最后一层卷积的激活函数为 Sigmoid 函数？

（2）为什么 Dice Loss 函数可以解决类不平衡问题？

（3）简述图像语义分割。

第 7 章 基于 SRGAN 的图像超分辨率技术实战

　　图像分辨率可用于衡量图像中信息的多少。图像的分辨率越高，图像中物体的边缘越清晰，包含的细节信息就越丰富。在实际场景中，图像的分辨率受到很多因素的影响。在图像采集过程中，空气扰动、外部噪声、光线明暗变化等外界干扰、物体的相对运动和成像的距离等因素均会导致采集的图像质量下降。在图像传输和转换过程中，压缩、扫描、格式转换等操作也可能会导致图像模糊、失真。由于图像容易因为各种原因降质，通过硬件提高分辨率又存在成本高、缺乏灵活性、利用率低等诸多的不足，而通过软件方法提升图像分辨率具有成本低、应用场景广等优点，所以图像超分辨率研究工作得到了长足的发展。本章将通过 SRGAN 对图像超分辨率技术进行实战。

学习目标

　　（1）了解常用的图像超分辨方法，以及不同图像超分辨方法的区别和特性。
　　（2）熟悉基于 SRGAN 实现图像超分辨率的流程和步骤。
　　（3）掌握 DIV2K 数据集的读取方法。
　　（4）掌握搭建生成器和判别器的方法。
　　（5）了解生成器损失和判别器损失的设计思想。
　　（6）掌握评价图像超分辨率模型的方法。

7.1　背景与目标

　　超分辨率（Super-Resolution，SR）技术是指从观测到的低分辨率图像重建出相应的高分辨率图像的技术，其在监控设备、卫星图像和医学影像等领域都有重要的应用价值。本节将介绍案例的背景、目标和项目工程结构。

7.1.1　背景

　　图像分辨率有多种定义方式，一般分为空间分辨率和幅度分辨率。图像空间分辨率由图像传感器（CCD/CMOS）的感光元件间的间隔大小决定，通常间隔越小，图像越清晰、分辨率越高。幅度分辨率主要取决于每个像素的量化程度，幅度分辨率表示用于描述一个像素所需的比特数，量化级数越多，幅度分辨率就越大。

低分辨率图像由高分辨率图像退化得到。在图像退化过程中，高分辨率图像的高频信息已经丢失，一幅高分辨率图像对应无数幅低分辨率图像，所以图像超分辨率问题是一个典型的不适定问题。在经典的数学物理方程定解问题中，人们只研究适定问题。适定问题是指定解满足 3 个要求的问题：第 1 解是存在的；第 2 解是唯一的；第 3 解连续依赖于定解条件，即解是稳定的。这 3 个要求中，只要有一个不满足，则称为不适定问题。20 世纪 80 年代，有学者提出了基于频域的多帧图像超分辨率算法，该算法利用一系列图像序列之间的互补信息和人为加入的先验信息，恢复出一张高分辨率图像。从此之后，图像超分辨率算法得到了广泛的关注，目前已经成为计算机视觉领域的一个重要研究问题。

常见的图像超分辨率算法有基于插值、基于重建模型和基于学习 3 类算法。

基于插值的图像超分辨率算法假设图像满足局部平滑特性，然后通过对近邻点的像素值加权求和估计未知点的像素值。较为常用的插值算法包括最近邻插值算法、双线性插值算法、双三次插值算法，其中双三次插值算法计算较为复杂，但是效果也相对较好。由于基于插值的算法需要通过卷积操作进行，并没有考虑自然图像的像素之间存在的强相关性，所以基于插值算法生成的图像会出现过度平滑的现象。

基于重建模型的图像超分辨率算法针对图像退化过程建立模型，然后根据输入的低分辨率图像逆向求解出对应的高分辨率图像。由于图像超分辨率问题是一个不适定问题，即不能同时满足解是存在的、解是唯一的、解连续依赖于定解条件。所以在一般情况下，使用人为定义的先验知识约束解空间，将不适定问题转化为最小化代价函数问题。通常使用正则化约束条件作为人为定义的约束项，常用的约束条件有局部平滑特征、边缘特征、像素值非负性等。基于重建模型的算法能够很方便地结合先验知识，将图像超分辨率这一不适定问题进行转化。

基于学习的算法不需要人为定义先验约束条件，而是隐式地学习低分辨率图像和高分辨率图像之间的映射关系，然后通过映射函数对输入图像超分辨率。近年来，随着基于深度学习的方法被引入图像超分辨率领域，基于学习的方法在图像超分辨率算法中呈现出显著的优势。基于学习的图像超分辨率算法原理如图 7-1 所示。

随着深度学习的大热，基于卷积神经网络的图像超分辨率算法 SRCNN（Super-Resolution Convolutional Neural Network）在 2014 年被提出。SRCNN 仅有 3 层网络，分别完成特征提取、非线性变换和图像生成的功能。所以在运算速度和重建精度方面，SRCNN 比传统图像超分辨率算法更具优势。但是当输入的图像很小而放大倍数很大时，图像会存在较多的细节模糊问题。在面对此类问题时，类似 SRCNN 的深度学习方法难以表现出令人满意的结果，重建的图像往往过于平滑，在视觉上缺乏真实感。如果原图像中的细节信息大部分缺失，那么图像超分辨率问题从恢复细节信息转化为合成新的细节，此时超分辨模型属于生成器模型。

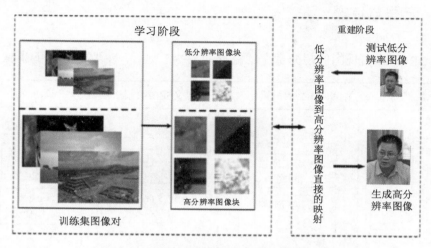

图 7-1　基于学习的图像超分辨率算法原理

7.1.2　目标

2016 年有学者提出了基于 GAN 实现的图像超分辨率技术 SRGAN（Super-Resolution Generative Adversarial Network）。SRGAN 模型分为生成器和判别器两部分。生成器根据输入的低分辨率图像生成对应的高分辨率图像，判别器用于判断输入的高分辨率图像是否由生成器生成。生成器和判别器相互迭代训练，直至判别器无法分辨输入的图像是由生成器生成还是真实的图像，则认为两者达到了纳什均衡，即任何一方的改进都不会导致总体的收益增加。达到平衡后，生成器模型能够生成以假乱真的高分辨率图像，并且 SRGAN 模型在损失函数中引入感知损失，使得生成的图像更具真实感。

本章将通过 DIV2K 数据集训练 SRGAN，利用 SRGAN 的生成器实现图像超分辨率技术，将模糊的低分率图像重建为清晰的高分辨率图像。

7.1.3　项目工程结构

本案例工作目录包括 4 个文件夹、4 个 PY 文件和 1 个 NPY 文件，如图 7-2 所示。

datasets 文件夹用于存放双三次插值算法处理的 2 倍下采样图像。images 文件夹用于存放对 datasets 中图像进行不同分辨率下采样的图像。result 文件夹用于存放输出的超分辨率图像。weights 文件夹用于存放模型的权重。

data_loader.py 文件用于加载数据。draw_logs.py 文件用于绘制

图 7-2　案例工作目录

模型训练的日志图像。predict.py 文件用于测试模型。train_srgan.py 文件用于训练网络并保存模型。logs.npy 文件为模型训练的日志文件。

7.2 流程与步骤

训练 SRGAN 实现图像超分辨率的流程如图 7-3 所示，主要包含以下步骤。

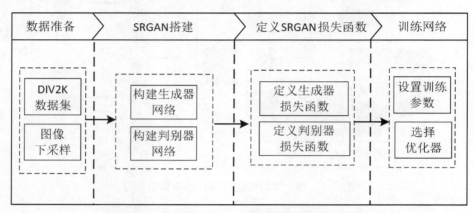

图 7-3 训练 SRGAN 实现图像超分辨率的流程

（1）数据准备。从 DIV2K 数据集中选取图像并进行图像下采样处理。

（2）搭建 SRGAN。构建用于生成图像的生成器和用于判断图像是否由生成器生成的判别器网络。

（3）定义 SRGAN 损失函数。分别定义生成器和判别器的损失函数并用于训练网络。

（4）训练网络。设置训练参数和选择优化器后训练模型。

7.2.1 数据准备

DIV2K 数据集是计算机视觉与模式识别（Computer Vision and Pattern Recognition，CVPR）2017 图像超分辨率重建比赛发布的用于图像复原任务的 2K 分辨率高质量图像数据集。DIV2K 数据集包含 900 幅训练图像，100 幅测试图像，同时包含每幅图像通过双三次插值算法以及其他插值算法进行 2 倍、3 倍、4 倍下采样后的图像。

考虑到计算机性能的限制，本章采用双三次插值算法处理的 2 倍下采样图像作为训练和测试数据的原图。训练时，将原图进行下采样得到分辨率为 128×128 的图像作为模型输入的低分辨率（Low Resolution，LR）图像，将原图进行下采样得到分辨率为 512×512 的图像作为模型输入的高分辨率（High Resolution，HR）图像，对原图进行下采样得到 LR 图像和 HR 图像如图 7-4 所示。加载数据如代码 7-1 所示。

（a）LR 图像　　　　　　　　　　（b）HR 图像

图 7-4　对原图进行下采样得到 LR 图像和 HR 图像

代码 7-1　加载数据

```
import scipy
from glob import glob
import numpy as np
import matplotlib.pyplot as plt


class DataLoader():
    def __init__(self, dataset_name, img_res=(128, 128)):
        self.dataset_name = dataset_name
        self.img_res = img_res


    def load_data(self, batch_size=1, is_testing=False):
        if is_testing:
            path = glob('datasets/%s/test/*' % (self.dataset_name))
        else:
            path = glob('datasets/%s/train/*' % (self.dataset_name))

        batch_images = np.random.choice(path, size=batch_size)

        imgs_hr = []
        imgs_lr = []
        for img_path in batch_images:
            img = self.imread(img_path)

            h, w = self.img_res
```

```
                    low_h, low_w = int(h / 4), int(w / 4)


                    img_hr = scipy.misc.imresize(img, self.img_res)
                    img_lr = scipy.misc.imresize(img, (low_h, low_w))


                    # If training => do random flip
                    if not is_testing and np.random.random() < 0.5:
                        img_hr = np.fliplr(img_hr)
                        img_lr = np.fliplr(img_lr)


                    imgs_hr.append(img_hr)
                    imgs_lr.append(img_lr)


                imgs_hr = np.array(imgs_hr) / 127.5 - 1.
                imgs_lr = np.array(imgs_lr) / 127.5 - 1.


                return imgs_hr, imgs_lr


        def imread(self, path):
            return scipy.misc.imread(path, mode='RGB').astype(np.float)
```

代码详见：./data_loader.py。

7.2.2　搭建 SRGAN

SRGAN 原理如图 7-5 所示，I^{LR} 为低分辨率图像，I^{HR} 为高分辨率图像。基于 SRGAN 的图像超分辨率算法的基本思想，将输入的低分率图像通过生成器模型生成高分辨率图像，使其能够逼近真实高分辨率图像。判别器对生成器的输出结果 $G(I^{LR})$ 进行判断，并将判别结果反馈到生成器和判别器中。

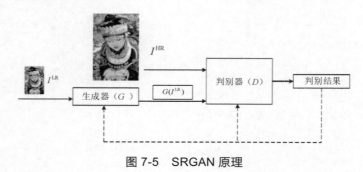

图 7-5　SRGAN 原理

SRGAN 训练过程是判别器与生成器相互博弈的过程。随着判别器鉴别能力逐渐增强，生成器产生的损失增大，使得生成器需要生成更真实的高分辨率图像，令判别器难以判断图像是否为真实图像。随着生成器生成的图像质量逐渐提高，反过来导致判别器的损失增大，使得判别器需要增强鉴别能力，令生成器生成的图像能够更准确地被检测出。

SRGAN 生成器网络结构如图 7-6 所示。在图 7-6 中，低分辨率图像首先通过一个 9×9 的卷积层增强浅层特征的感受野；然后进入一个残差模块，残差模块包含多个残差单元，每个残差单元中包含两个 3×3 的卷积层、两个批规范化层和一个激活函数层，并将残差模块的输出与第一个卷积层的输出通过一个 3×3 的卷积进行融合；最后通过两个卷积上采样层对特征图实现 4 倍放大，得到重建后的 4 倍分辨率放大图像。因此，生成器的作用是完成低分辨率图像区块的特征提取、残差学习和上采样重建。

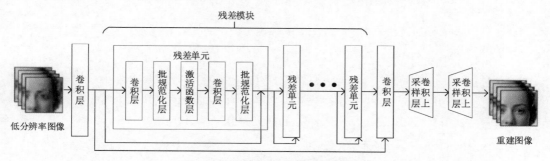

图 7-6　SRGAN 生成器网络结构

SRGAN 判别器网络结构如图 7-7 所示。在图 7-7 中，判别器网络采用 8 个卷积层进行线性连接，其中第 2 层、第 4 层、第 6 层、第 8 层使用步长为 2 的卷积实现下采样。随着网络层数加深，特征通道个数不断增加，特征图尺寸不断减小。最后通过两个全连接层和 Sigmoid 激活函数实现二分类，得到输入图像预测为原始图像的概率。因此，判别器的作用是将输入的高分辨率图像区块进行逐步的特征提取，最终将特征信息转化为对图像来源的判定结果。

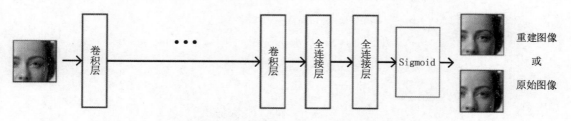

图 7-7　SRGAN 判别器网络结构

为了保证生成的高分辨率图像与原图像具有高度的相似性，需要增加一个分支网络进行约束。将生成的高分辨率图像和原图像作为输入分别通过 VGG19 网络中前 9 个卷积层提取浅层特征，通过对比二者的均方差，使生成的高分辨率图像浅层特征逼近原图像浅层特征。通过 Keras 搭建 SRGAN 如代码 7-2 所示。

代码 7-2　通过 Keras 搭建 SRGAN

```python
# 构建生成器网络
def build_generator(self):
    img_lr = Input(shape=self.lr_shape)
    # 第一部分，低分辨率图像进入后会经过一个卷积+ReLU 激活函数
    c1 = Conv2D(64, kernel_size=9, strides=1, padding='same')(img_lr)
    c1 = Activation('relu')(c1)
    # 第二部分，经过 16 个残差单元，每个残差单元内部包含两个卷积+标准化+ReLU 激活函数，
    # 还有一个残差边
    r = residual_block(c1, 64)
    for _ in range(self.n_residual_blocks - 1):
        r = residual_block(r, 64)
    # 第三部分，上采样部分，将长宽进行放大，两次上采样后，变为原来的 4 倍，实现提高分辨率
    c2 = Conv2D(64, kernel_size=3, strides=1, padding='same')(r)
    c2 = BatchNormalization(momentum=0.8)(c2)
    c2 = Add()([c2, c1])
    u1 = deconv2d(c2)
    u2 = deconv2d(u1)
    gen_hr = Conv2D(self.channels, kernel_size=9, strides=1, padding='same',
activation='tanh')(u2)
    return Model(img_lr, gen_hr)
# 构建判别器
def build_discriminator(self):
    # 由卷积+LeakyReLU+BatchNor 构成
    d0 = Input(shape=self.hr_shape)
    d1 = d_block(d0, 64, bn=False)
    d2 = d_block(d1, 64, strides=2)   # 下采样
    d3 = d_block(d2, 128)
    d4 = d_block(d3, 128, strides=2)   # 下采样
    d5 = d_block(d4, 256)
    d6 = d_block(d5, 256, strides=2)   # 下采样
    d7 = d_block(d6, 512)
```

```
      d8 = d_block(d7, 512, strides=2)  # 下采样

      d9 = Dense(64 * 16)(d8)  # 全连接

      d10 = LeakyReLU(alpha=0.2)(d9)

      validity = Dense(1, activation='sigmoid')(d10)  # 全连接二分类

      return Model(d0, validity)

# 构建 VGG 模型, 只使用第 9 层的特征
def build_vgg(self):

      vgg = VGG19(weights='imagenet')

      vgg.outputs = [vgg.layers[9].output]

      img = Input(shape=self.hr_shape)

      img_features = vgg(img)

return Model(img, img_features)
```

代码详见：./train_srgan.py。

7.2.3　定义 SRGAN 损失函数

SRGAN 是生成器网络和判别器网络的组合，因此存在生成器损失函数和判别器损失函数两种损失函数。

1. 生成器损失函数

生成器损失函数的定义对于 SRGAN 模型的性能至关重要，生成损失函数 Lossgen 由内容损失函数和加权求得的对抗损失函数相加得到 Loss_{gen}。Loss_{gen} 的表达式如式（7-1）所示。

$$\text{Loss}_{\text{gen}} = \text{Loss}_{\text{content}} + \lambda \cdot \text{Loss}_{\text{Adv}} \tag{7-1}$$

在式（7-1）中，Loss_{gen} 是生成器损失函数，$\text{Loss}_{\text{content}}$ 是内容损失函数，Loss_{Adv} 是对抗损失函数，λ 是加权系数。

将生成图像和原图像分别输入预训练的 VGG19 网络中，根据二者在 VGG19 网络的中间浅层卷积特征，再通过均方误差损失函数计算二者浅层卷积特征的相似性差异得到内容损失函数 $\text{Loss}_{\text{content}}$。$\text{Loss}_{\text{content}}$ 的表达式如式（7-2）所示。

$$\text{Loss}_{\text{content}} = \left(f\left(I^{\text{HR}}\right) - f\left(G\left(I^{\text{LR}}\right)\right) \right)^2 \tag{7-2}$$

在式（7-2）中，$f(\bullet)$ 表示预训练的 VGG19 网络，I^{HR} 表示高分辨率图像，I^{LR} 表示低分辨率图像，$G(\bullet)$ 表示生成器。生成图像的 VGG19 浅层特征与原图像的 VGG19 浅层特征越相似，内容损失函数 $\text{Loss}_{\text{content}}$ 越小。

将生成图像标注为原图像并输入判别器网络中，计算判别器将生成图像识别为原图像的概率，即得到对抗损失函数 Loss_{Adv}。Loss_{Adv} 的表达式如式（7-3）所示。

$$\text{Loss}_{\text{Adv}} = -\log D\left(G\left(I^{\text{LR}}\right)\right) \tag{7-3}$$

在式（7-3）中，$D(\cdot)$ 表示判别器。判别器把生成图像识别为原图像的概率越大，$Loss_{Adv}$ 越小，同时表示生成图像的真实性越高。

2．判别器损失函数

判别器在 SRGAN 中对生成图像的识别问题属于二分类问题，正样本为真实图像，负样本为生成图像。分别将生成器生成的图像和原图输入判别器网络中，通过二元交叉熵损失函数计算二者的损失并求平均值，即得到判别器损失函数 $Loss_{dis}$。$Loss_{dis}$ 的表达式如式（7-4）所示。

$$Loss_{dis} = \frac{Loss_{BCE}^{fake} + Loss_{BCE}^{true}}{2} \qquad (7\text{-}4)$$

在式（7-4）中，$Loss_{BCE}^{fake}$ 表示输入图像为生成图像时的二元交叉熵损失值，$Loss_{BCE}^{true}$ 表示输入图像为原图像时的二元交叉熵损失值，二者的值越小，判别器对生成器生成图像的识别能力越强。计算判别器和生成器损失的代码已包含在代码 7-3 中。

7.2.4　训练网络

完成损失函数的定义后开始训练模型，采用 Adam 优化器，每个循环从训练集中随机抽取 2 幅图像，训练 5000 个循环。通过 Keras 训练 SRGAN，如代码 7-3 所示。

代码 7-3　通过 Keras 训练 SRGAN

```python
def train(self, epochs, init_epoch=0, batch_size=1, sample_interval=50):
    start_time = datetime.datetime.now()
    for epoch in range(init_epoch, epochs):
        self.scheduler([self.combined, self.discriminator], epoch)
        # 训练判别器
        # 训练判别器模型的时候不训练生成器模型
        imgs_hr, imgs_lr = self.data_loader.load_data(batch_size)
        fake_hr = self.generator.predict(imgs_lr)
        valid = np.ones((batch_size,) + self.disc_patch)
        fake = np.zeros((batch_size,) + self.disc_patch)
        d_loss_real = self.discriminator.train_on_batch(imgs_hr, valid)
        d_loss_fake = self.discriminator.train_on_batch(fake_hr, fake)
        d_loss = 0.5 * np.add(d_loss_real, d_loss_fake)
        # 训练生成器
        # 训练生成器模型的时候不训练判别器模型
        imgs_hr, imgs_lr = self.data_loader.load_data(batch_size)
        valid = np.ones((batch_size,) + self.disc_patch)
```

```
        image_features = self.vgg.predict(imgs_hr)
        g_loss = self.combined.train_on_batch(imgs_lr, [valid,
image_features])
        elapsed_time = datetime.datetime.now() - start_time
        print('[Epoch %d/%d] [D loss: %f, acc: %3d%%] [G loss: %05f, feature
loss: %05f] time: %s ' \
               % (epoch, epochs,
                  d_loss[0], 100 * d_loss[1],
                  g_loss[1],
                  g_loss[2],
                  elapsed_time))
        logs.append([epoch, d_loss[0], d_loss[1], g_loss[1], g_loss[2]])
        if epoch % (sample_interval) == 0:
            os.makedirs('weights/%s' % self.dataset_name, exist_ok=True)
            self.generator.save_weights('weights/%s/gen_epoch%d.h5' %
(self.dataset_name, epoch))
            self.discriminator.save_weights('weights/%s/dis_epoch%d.h5' %
(self.dataset_name, epoch))
```

代码详见：./train_srgan.py。

7.3 结果分析

SRGAN 模型的评价指标包括判别器损失（d_loss）、判别器识别正确率（d_acc）、生成器对抗损失（g_loss）、生成器特征损失（feature_loss），训练结果如图 7-8 所示。由于计算机计算性能和模型初始化参数不同，每次运行的结果不一定相同。

由图 7-8 可知判别器损失和生成器对抗损失在对抗训练过程中呈现出高低起伏之势；判别器识别正确率在 50%上下波动；生成器特征损失在逐渐收敛，说明生成器在对抗训练过程中逐渐生成了接近原图的高分辨率图像。在对抗训练过程中，当判别器损失降低时，生成器对抗损失会增加。于是在反向传播时，优化器对生成器网络的权重参数调整幅度增大，从而降低生成器对抗损失。

对训练得到的生成器模型进行测试，生成图像效果对比如图 7-9 所示，从左至右依次为原高分辨率图像、低分辨率图像通过双线性插值法生成的高分辨率图像、低分辨率图像通过 SRGAN 生成的高分辨率图像。由图 7-9 可知通过 SRGAN 生成的高分辨率图像相较于通过双线性插值法生成的高分辨率图像保留了更多高频的细节信息。

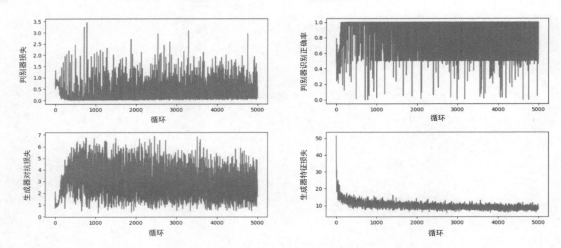

图 7-8　训练结果

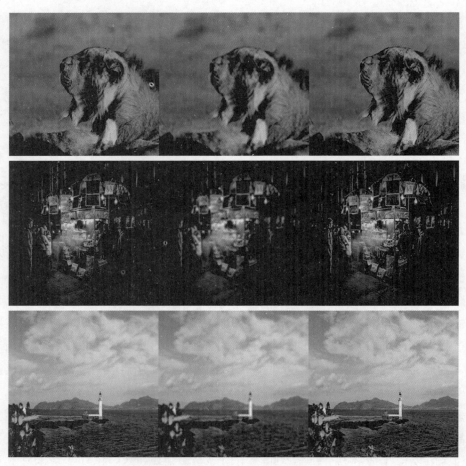

图 7-9　生成图像效果对比

使用峰值信噪比（Peak Signal to Noise Ratio，PSNR）能够更加直观地对 SRGAN 生成的高分辨率图像进行评价。PSNR 的计算公式如式（7-5）所示。

$$PSNR = 10 \cdot \ln\left(\frac{255}{\frac{1}{m \cdot n} \cdot \sum_{i=0}^{m-1}\sum_{j=0}^{n-1}\left(I(i,j) - K(i,j)\right)^2}\right) \tag{7-5}$$

在式（7-5）中，$I(i,j)$ 表示原图在 (i,j) 处的像素值，$K(i,j)$ 表示生成图像在 (i,j) 处的像素值。由式（7-5）可知，当 PSNR 的值越大时图像失真越小。本章训练得到的 SRGAN 模型在测试集中的 PNSR 均值为 26.87。在 SRGAN 原论文中，SRGAN 模型在 BSD100 数据集的测试集中的 PNSR 均值为 25.16。

小结

本章主要介绍了基于 SRGAN 生成对抗神经网络实现图像超分辨率的方法。首先大致介绍了 3 种不同的图像超分辨率，并说明了基于 SRGAN 的图像超分辨率的优势。然后从数据准备、搭建 SRGAN、定义 SRGAN 损失函数 3 个流程介绍了实现 SRGAN 图像超分辨率技术的方法，着重讲解了生成器、判别器的作用及其损失的构建。最后对训练结果进行了分析，利用测试数据对算法进行了性能评估。

课后习题

1．选择题

（1）常见的图像超分辨率算法有（　　）。

　　A．基于插值　　B．基于统计　　C．基于重建模型　　D．基于学习

（2）SRGAN 是由（　　）的组合而来。

　　A．生成器　　B．判别器　　C．编码器　　D．解码器

（3）图像分辨率有多种定义方式，一般分为（　　）和幅度分辨率。

　　A．时间分辨率　　B．空间分辨率　　C．幅度分辨率　　D．频域分辨率

（4）正则化约束条件通常是人为定义的关于高分辨率图像的约束项，常用的有（　　）。

　　A．二值特征　　B．边缘特征　　C．局部平滑特征　　D．均匀性特征

（5）下列指标可以对 SRGAN 生成的高分辨率图像进行评价的是（　　）。

　　A．PSNR　　B．mAP　　C．IoU　　D．Loss

（6）在 SRGAN 的生成器损失函数中包括（　　）。

A. 基于内容损失　　　　　　　　B. 基于风格损失

C. 基于类别损失　　　　　　　　D. 基于对抗损失

（7）可用于图像超分辨率网络训练的数据集有（　　）。

A. VOC 2012　　B. COCO 2017　　C. DIV2K　　　　D. MNIST

（8）高分辨率图像退化为低分辨率图像过程中，高频信息已经丢失，一幅高分辨率图像对应（　　）幅低分辨率图像。

A. 一　　　　　B. 两　　　　　　C. 三　　　　　　D. 无数

（9）SRCNN 算法有 3 层网络，分别完成特征提取、（　　）和图像生成功能。

A. 线性变换　　B. 非线性变换　　C. 特征编码　　　　D. 特征解码

（10）SRGAN 中没有用到的技术有（　　）。

A. 卷积层　　　B. 上采样　　　　C. 残差单元　　　　D. 空洞卷积

2．填空题

（1）图像分辨率用来衡量图像信息中的多少，图像的分辨率_____，图像中物体的边缘越清晰，包含的细节信息就越_____。

（2）在图像传输和转换过程中，如压缩、扫描、格式转换等，会导致图像_____、_____。

（3）基于 SRGAN 的图像超分辨率算法的基本思想是将输入的_____通过_____生成高分辨率图像，使其能够逼近真实高分辨率图像。

（4）判别器损失的计算方法为，分别将生成器生成的图像和原图输入判别器网络中，通过_____计算二者的损失函数并求平均值。当二者的值越小时，判别器越收敛，表示判别器对生成器的_____效果越好。

（5）SRGAN 模型的评价指标包括_____、_____、_____和_____。

3．简答题

（1）简述 SRGAN 的训练过程中判别器与生成器的博弈。

（2）简述 SRGAN 的判别器损失中内容损失的作用。

（3）判别器中的 VGG19 网络能否更换？为什么？